SLEEVELESS KNIT

时尚百搭的无袖毛衫编织

日本宝库社 编著
蒋幼幼 译

河南科学技术出版社
· 郑州 ·

目 录

秋 / 冬

春 / 夏

※ 本书图中未注明单位的表示长度的数字均以厘米(cm)为单位

A 细密的绗缝花样背心

细密的格子花样仅由上、下针组成，重复编织形成了绗缝般的效果。袖窿部位等针直编，很容易编织。设计简单，与衬衫、连衣裙、裤子都很好搭配。

设计_奥住玲子
制作_近江佳慧
尺寸_M、L（模特身穿M号）
编织方法_p.44
用线_达摩手编线　Merino DK（中粗）

细密的绗缝花样V领背心 B

花样和身片的设计与作品A相同，衣领部分改成了V领。穿在带衣领的衬衫外面，或者与简单的T恤衫叠穿，也非常适合少年感的穿搭风格。

设计_奥住玲子
制作_近江佳慧
尺寸_M、L(图中为M号)
编织方法_p.46
用线_达摩手编线 Merino DK(中粗)

C 针织腰封马甲

腰封马甲的阿兰花样简单又可爱，可以给穿搭增添一分时尚亮点。用美利奴羊毛和顶级比马棉混纺的优质线材编织而成。可以搭配各式各样的服装。

设计_钓谷京子
尺寸_M、L（模特身穿M号）
编织方法_p.48
用线_达摩手编线　Rambouillet Wool Cotton

D 连帽背心

这是一款带帽子和大口袋的连帽背心。口袋事先编织好，再与身片重叠着编织。基础版型最是百搭，既可以优雅精致，也可以自然随性。

设计_菅野直美
制作_臼井伸子
尺寸_M、L(模特身穿M号)
编织方法_p.41
用线_和麻纳卡 Amerry

直线形设计构成的麻花花样别出心裁。仿佛从树干上延伸出枝条，不禁让人感受到蓬勃的生命力。也可以搭配裙子，更显女性魅力。

设计_原田卡桑德拉
尺寸_M、L(模特身穿M号)
编织方法_p.50
用线_达摩手编线　Falkland Wool

F 滑针花样背心

这是一件漂亮的短款提花背心，滑针编织的几何花样十分引人注目。因为滑针是在正面行进行操作，这样的设计就连初学者也很容易编织。也非常适合黑白色调的穿搭风格。

设计_宇野千寻
尺寸_M、L（图中为M号）
编织方法_p.52
用线_和麻纳卡　Sonomono Alpaca Wool（中粗）

滑针花样露指手套G

这双露指手套使用了与作品F相同的滑针花样。尺寸宽松，长度适中，穿长袖衬衫或连衣裙时戴上非常暖和。可以作为秋冬穿搭的小点缀。

设计_宇野千寻
编织方法_p.54
用线_和麻纳卡 Sonomono Alpaca Wool(中粗)

H 交叉门襟两穿背心

左、右前身片相互交叉，在肋部用纽扣与后身片固定，做成了一款交叉门襟背心。因为是前后两穿的设计，请根据心情决定如何穿着。也可以调整纽扣的位置自行改编。

设计_yohnKa
尺寸_均码
编织方法_p.55
用线_芭贝　Alba

这款马甲的麻花花样仿佛几条锁链缠在一起，花样形成的阴影也很有韵味。沉稳大气的颜色中夹杂的彩色棉结不失为一大亮点。解开前身片的纽扣随意穿搭也很不错。

设计_yohnKa
尺寸_均码
编织方法_p.59
用线_达摩手编线　Chipspiral

J 波纹开衫

以藏青色为基调的蓝色系配色编织的开衫新颖时尚，前身片使用了波纹提花花样。可以搭配黑色高领上衣或者长裙，穿搭范围十分广泛。

设计 _YOSHIKO HYODO
制作 _高桥寿美代
尺寸 _M、L(模特身穿M号)
编织方法 _p.62
用线 _芭贝　Queen Anny

用作品I（p.14）的麻花花样编织成了帽子。因为比较宽松，可以根据发型尝试不同的佩戴方法。除了日常搭配，还可以在户外各种场合佩戴。在寒冷的季节特别实用。

设计_yohnKa
编织方法_p.58
用线_达摩手编线 Chipspiral

L 宽松的阿兰花样背心

版型宽松的背心已然是必备单品，无论如何都想用传统的阿兰花样编织一件。袖窿和肩部都是直线编织，缝合也很简单，编织起来轻松愉快。

设计＿钓谷京子
尺寸＿M、L（模特身穿M号）
编织方法＿p.64
用线＿和麻纳卡　Sonomono Alpaca Wool

阿兰花样高领背心 M

这款高领背心使用手感柔软舒适的线材编织而成，与无袖内搭一起穿着，给人成熟优雅的感觉。只有前身片编织了花样，后身片是下针编织。侧边开衩，是有前后差的设计。

设计_及川真理子
尺寸_M、L(模特身穿M号)
编织方法_p.66
用线_和麻纳卡　Exceed Wool L(中粗)

N 马海毛背心

前、后身片编织结束后只需缝合即可完成，袖窿和领窝无须另外编织边缘，非常简单。从初秋到早春，马海毛背心都是一款实用的单品。不妨多编织几种颜色，尝试不同的搭配。

设计_及川真理子
尺寸_M、L(模特身穿M号)
编织方法_p.68
用线_芭贝　Julika Mohair

船领夏季背心 O

这是一款用100%棉线编织的夏季背心。胁部的小开衩是设计的亮点所在。前、后身片形状相同，编织起来非常简单。无论单穿还是叠穿都很舒适。

设计_冈真理子
尺寸_M、L（图中为M号）
编织方法_p.70
用线_芭贝　Pima Basic

P 网眼套头衫

网眼花样的套头衫清凉感十足。花样是重复编织挂针和2针并1针。不同的内搭呈现不同的效果，可以尝试各种富有季节感的穿搭。

设计_奥住玲子
尺寸_M、L（模特身穿M号）
编织方法_p.72
用线_芭贝 Cotton Kona

网眼手提包 Q

这款手提包使用了与作品P一样的网眼花样，用2根线合股编织而成。提手也可以挂在肩上，能够放入A4纸大小的文件等物品。夏日闲暇游玩或者外出购物时使用再合适不过了。

设计_奥住玲子
编织方法_p.74
用线_芭贝　Cotton Kona

R 镂空花样套头衫

这是一款镂空花样的套头衫，编织过程中逐渐呈现出波浪形花样。前身片是以1个花样为单位换色编织，增加了条纹效果。与明亮一点的衣服叠穿，更能突显花样，打造个性穿搭。

设计_西村知子
尺寸_M、L(模特身穿M号)
编织方法_p.76
用线_达摩手编线　Linen Ramie Cotton

S 一衣两穿的大圆领背心

这款大圆领背心是一衣两穿的设计，下针和桂花针花样的身片可以前后互换着穿。因为桂花针花样的一侧有装饰纽扣，也可以像开襟短衫一样搭配连衣裙或连体裤。

设计_钓谷京子
尺寸_M、L（模特身穿M号）
编织方法_p.78
用线_和麻纳卡　Cotone Tweed

寒冷的日子，可以将编织的毛衫与外套叠穿。书中每款编织作品都是百搭的设计，打开家里的衣橱，感受穿搭的乐趣吧。

无袖毛衫与外套的秋冬穿搭

穿搭单品 01

p.8 连帽背心

将连帽背心的帽子拉出搭在外套上，搭配宽松休闲的运动长裤，偏男性风的感觉也很不错。不过，还是隐约透着女性的柔美气质，这一点要归功于织物的柔软质感以及色彩的搭配。

穿搭单品 02

p.16 波纹开衫

花样可爱的毛衫也很实用，弱化甜美度可以穿出成熟知性的感觉。搭配裤子和单色调的T恤衫，毛衫在外套里若隐若现，别有一番味道。

穿搭单品 03

p.19 阿兰花样高领背心

外形和颜色都很漂亮的毛衫与颜色偏厚重的外套相得益彰。搭配裙子可以很优雅，搭配复古风的牛仔裤和卫衣也可以很休闲。

百搭的简约毛衫无论搭配什么衣服都非常合适。用喜欢的颜色编织若干件，可以享受更多的穿搭乐趣。

无袖毛衫与春夏单品的穿搭

穿搭单品 01

p.6 针织腰封马甲

荷叶边衣领的甜美衬衫与腰封马甲叠穿，真是绝佳的搭配。少女风的组合加上复古的卡其裤或牛仔裤，这种视觉上的反差别有一番趣味。

穿搭单品 02

p.21 船领夏季背心

真想简单地穿一件背心，搭配白色短裤，畅快地在海边漫步。比起凉鞋和运动鞋，穿上皮鞋和袜子，脚下更加清爽整洁。

穿搭单品 03

p.26 一衣两穿的大圆领背心

实际上，两件无袖衫的搭配要比无袖衫与半袖衫的搭配更加简单。后背的纽扣也十分可爱。无论搭配什么颜色和花样的裤子，都可以带来清新的穿搭感受。

本书使用线材一览

线材相关信息为截至2022年10月28日的数据。
可能出现临时变更和停产的情况，敬请谅解。

※线材图片均为实物粗细

达摩手编线（DARUMA）

Merino DK(中粗)

羊毛100%　40g/团（约88m）

Rambouillet Wool Cotton

羊毛60%、棉40%　50g/团（约166m）

Chipspiral

腈纶54%、羊毛46%　30g/团（约46m）

Falkland Wool

羊毛80%、羊驼绒20%　50g/团（约85m）

Linen Ramie Cotton

棉50%、亚麻25%、金属线25%　50g/团（约102m）

和麻纳卡（HAMANAKA）

Sonomono Alpaca Wool（中粗）

羊毛60%、羊驼绒40%　40g/团（约92m）

Exceed Wool L（中粗）

羊毛100%　40g/团（约80m）

Amerry

羊毛70%（新西兰美利奴羊毛）、腈纶30%　40g/团（约110m）

Sonomono Alpaca Wool

羊毛60%、羊驼绒40%　40g/团（约60m）

Cotone Tweed

棉90%、锦纶10%　30g/团（约94m）

芭贝（PUPPY）

Queen Anny

羊毛100%　50g/团（约97m）

Alba

羊毛100%（使用100%超细美利奴羊毛）　40g/团（约105m）

Julika Mohair

马海毛86%（使用100%顶级幼马海毛）、羊毛8%（使用100%超细美利奴羊毛）、锦纶6%　40g/团（约102m）

Cotton Kona

棉100%　40g/团（约110m）

Pima Basic

棉100%　40g/团（约135m）

作品的编织方法

下面为大家介绍作品A（p.4）的编织要点、作品B（p.5）的V领的编织方法及所有作品的详细制作方法。

基础的编织步骤

1 编织后身片和前身片

2 对齐前、后身片，肩部接合，胁部缝合至开口止位

3 在袖窿环形挑针，编织衣袖（此处为袖口）

4 在领窝环形挑针，编织衣领

5 完成

制图中M号和L号标注的阅读方法

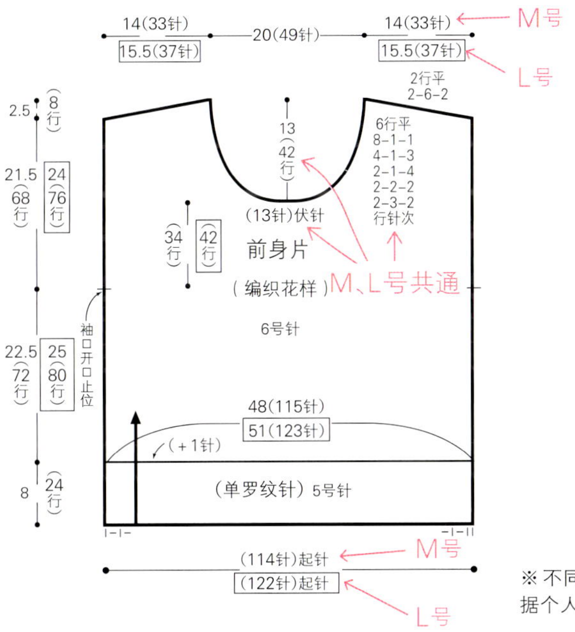

针法符号图中M号和L号标注的阅读方法

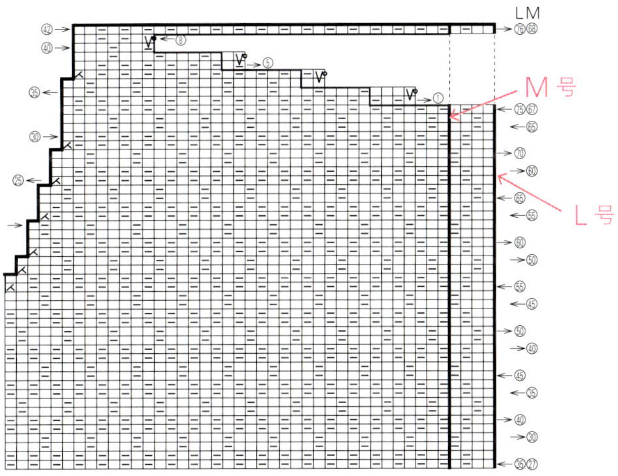

※不同尺寸的用线量为大概数量。编织时请参考标注的作品尺寸，根据个人喜好调整身宽和衣长

重点教程

重点教程

※全部以M号为例进行说明

左肩的引返编织

用于斜肩的编织方法。以2行为1个单位留出针目做引返编织。

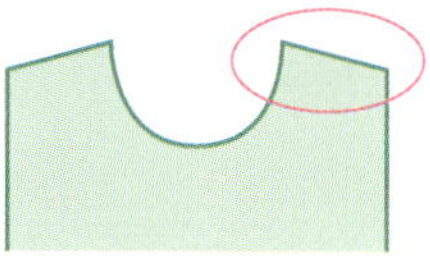

这里以前身片的斜肩为例进行说明。

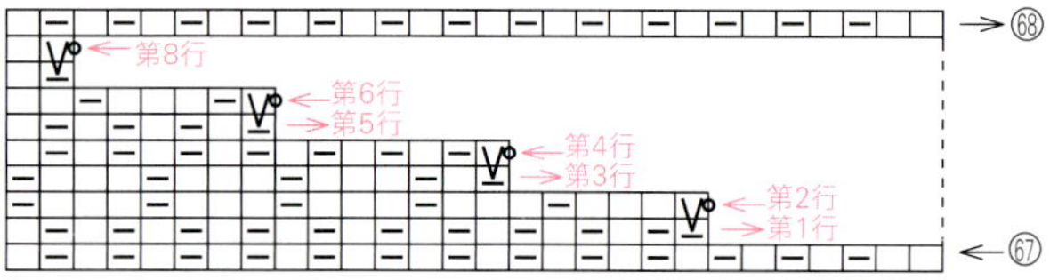

第1行（从反面编织的行）

第1次的引返编织。这是从反面编织的行，编织至左棒针上剩下7针。

第2行（从正面编织的行）

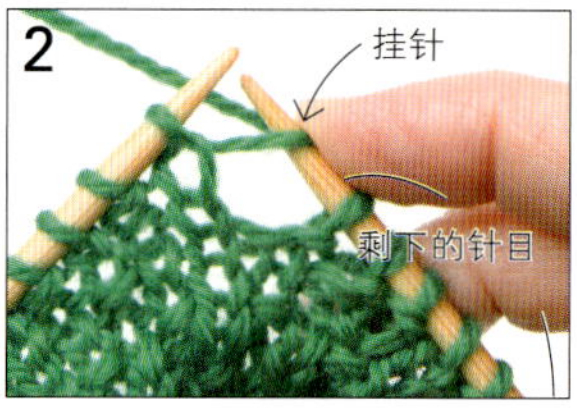

将织物翻回正面，从前往后挂线（挂针）。

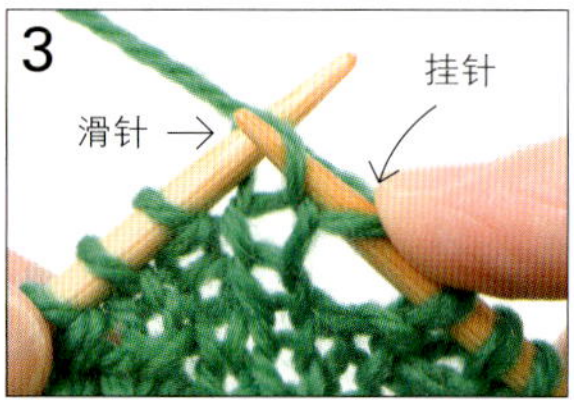

将左棒针上的第1针移至右棒针上（滑针）。注意挂针不要松开。

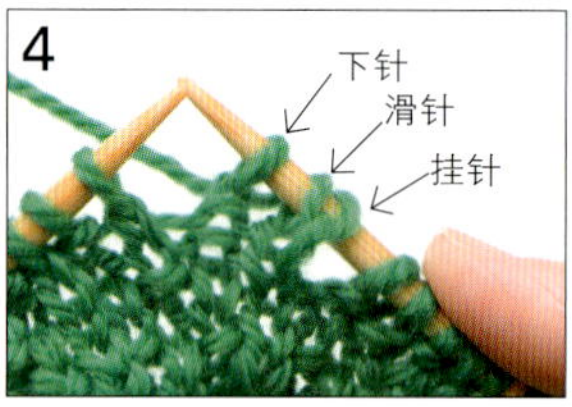

在下个针目里编织下针。接着按符号图继续编织。

第3行（从反面编织的行）

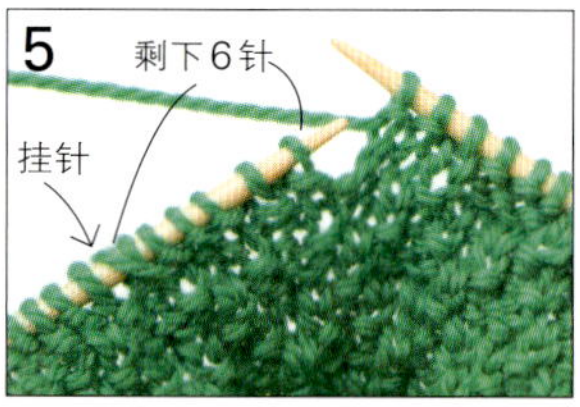

第2次的引返编织。编织至左棒针上剩下6针（不含挂针）。

第4行（从正面编织的行）

将织物翻回正面，与步骤2一样挂线（挂针）。

将左棒针上的第1针移至右棒针上(滑针)。

第3次的引返编织也用相同方法编织。接着按符号图继续编织。

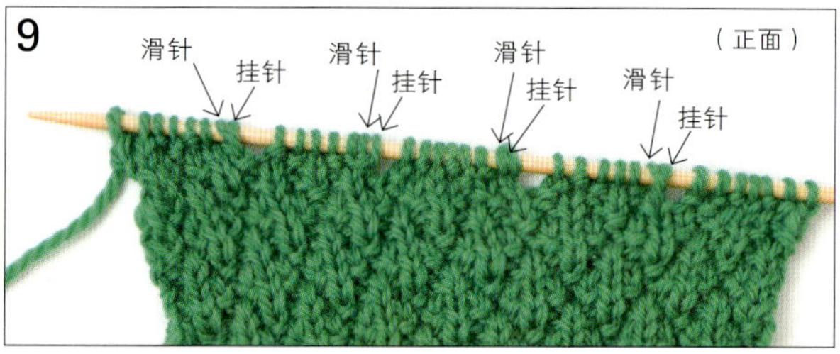

第8行（第4次的引返编织）完成后的状态。

消行（从反面编织的行）

完成指定次数的引返编织后，利用交界处的挂针整理行差。这个操作叫作"消行"。

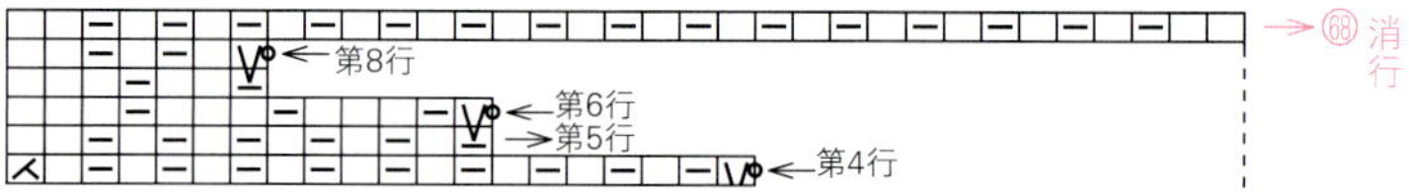

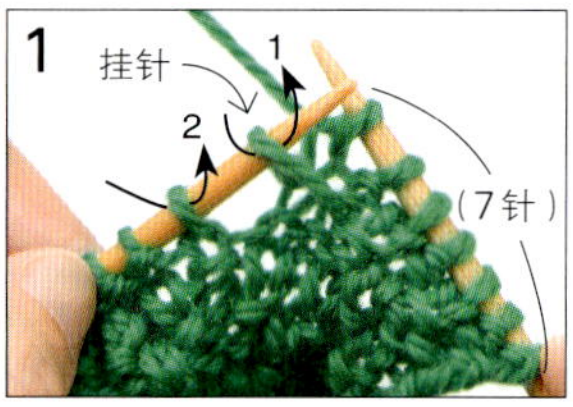

在第68行（从反面编织的行）进行消行。编织至第7针，按1、2的顺序从前面插入棒针，将2针移至右棒针上。

将2针移至右棒针后，如箭头所示插入左棒针，移回针目。

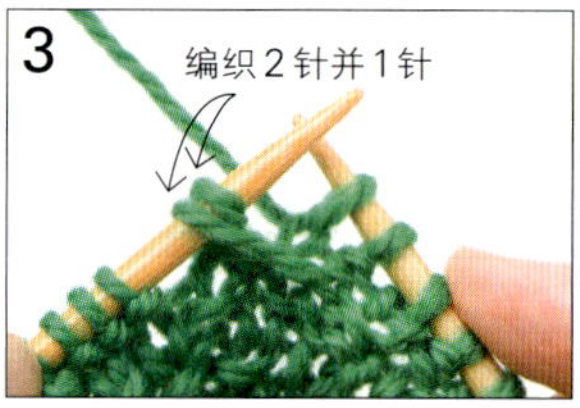

2针交换了位置。在交换了位置的2针里编织上针的2针并1针。

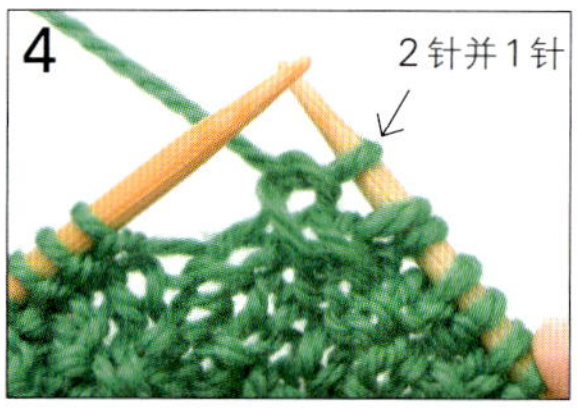

编织2针并1针后，此处的消行就完成了。挂针位于反面，不会露出正面。

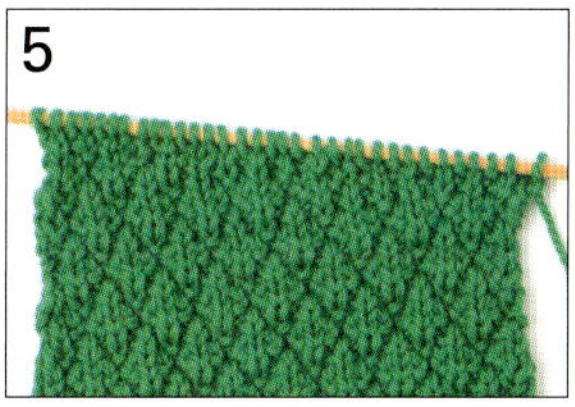

左肩的引返编织完成。留在棒针上的针目做休针处理。编织终点留出10cm左右的线头后剪断。

右肩的引返编织

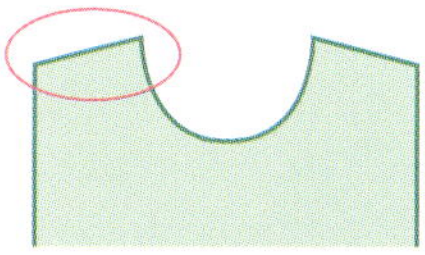

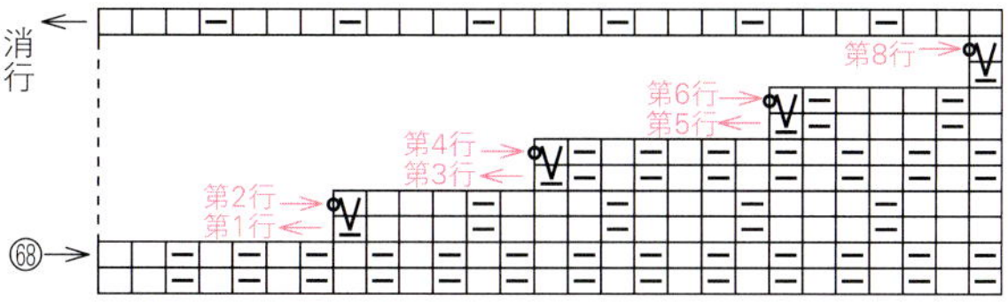

第1行（从正面编织的行）

第1次的引返编织。这是从正面编织的行，编织至左棒针上剩下7针。

第2行（从反面编织的行）

将织物翻至反面，从前往后挂线（挂针），再将线拉至前面。

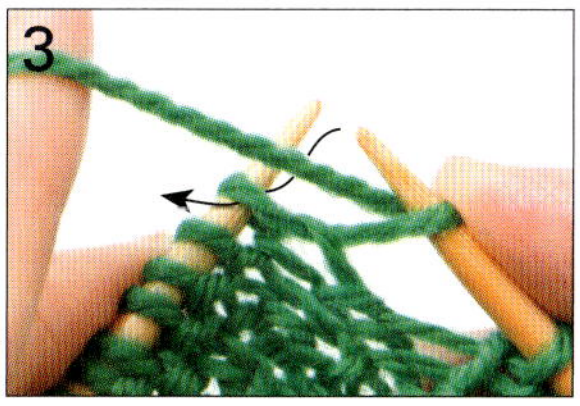

如箭头所示将左棒针上的第1针移至右棒针上（滑针）。注意挂针不要松开。

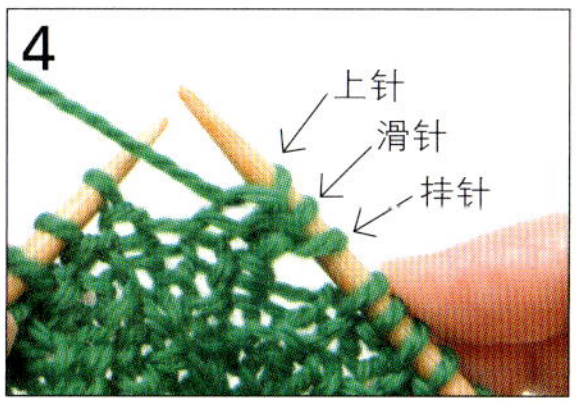

在下个针目里编织上针。接着按符号图继续编织。

第8行（第4次的引返编织）完成后的状态。

消行（从正面编织的行）

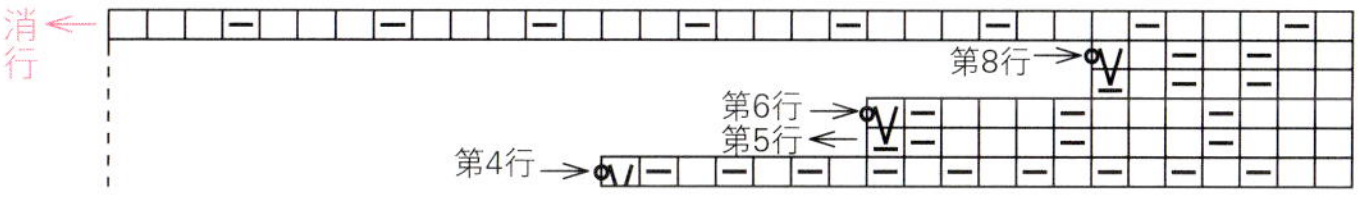

在正面编织的行进行消行。编织至第7针，无须交换针目位置，如箭头所示在挂针和相邻针目里插入右棒针。

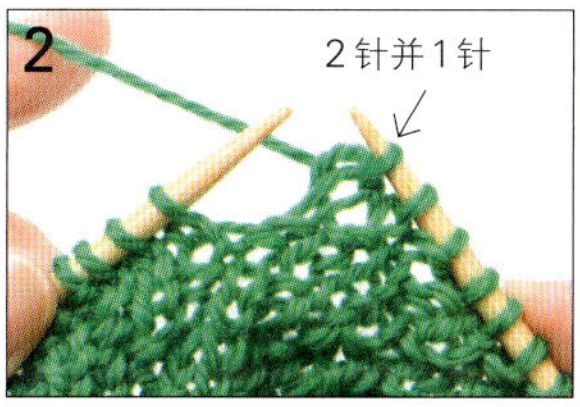

编织下针的2针并1针。用相同方法按符号图继续编织。

右肩的引返编织完成。留在棒针上的针目做休针处理。编织终点留出10cm左右的线头后剪断。

领窝的编织方法（后身片的右侧）

领窝的编织方法以后领窝为例进行说明。

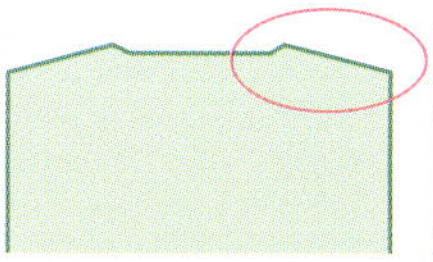

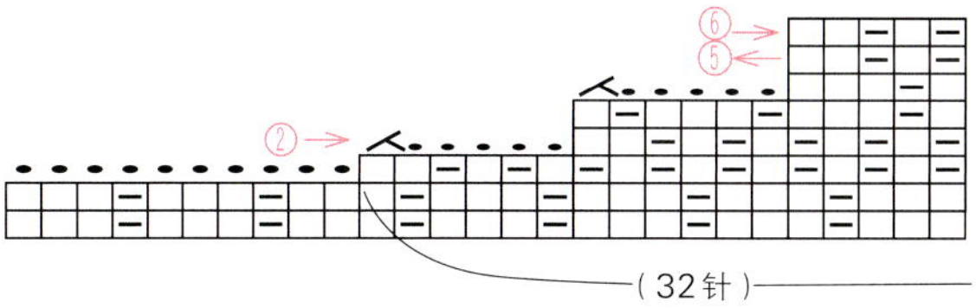

在领窝右侧的第1行（引返编织的第4行）编织至第32针。

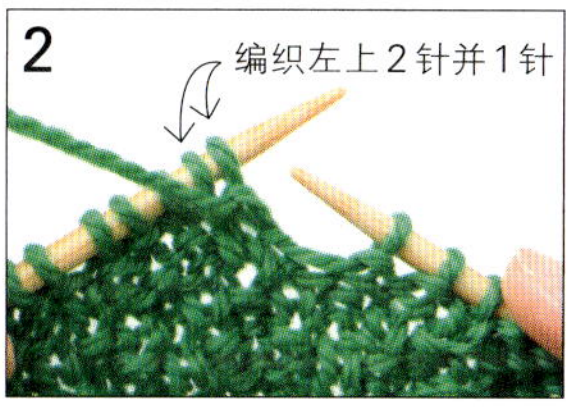

将织物翻至反面，编织上针的左上2针并1针。

第2行最初的减针完成。

接着编织5针伏针，这样6针减针就完成了。按符号图继续编织。

第3行的领窝部分无须减针，第4行与步骤3、4一样减6针。

按符号图继续编织，右侧的后领窝完成。

领窝的编织方法（后身片的左侧）

※为了便于理解，此处使用不同颜色的线进行说明

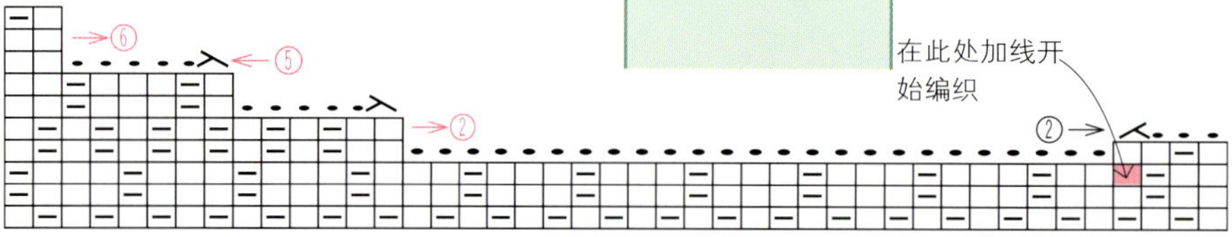

留出10cm左右的线头，从前面拉出新线。

在下个针目里编织下针，将步骤1拉出的针目覆盖在已织针目上。伏针的准备工作完成。

按符号图编织指定针数的伏针。

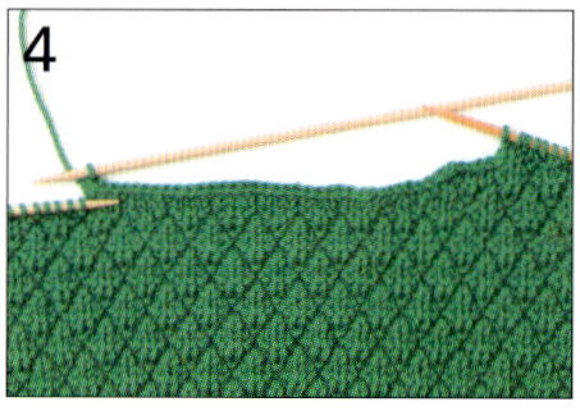

第1、2行无须减针，按符号图继续编织。

第3行的最初2针编织右上2针并1针。

接着编织伏针减针，一共减6针。

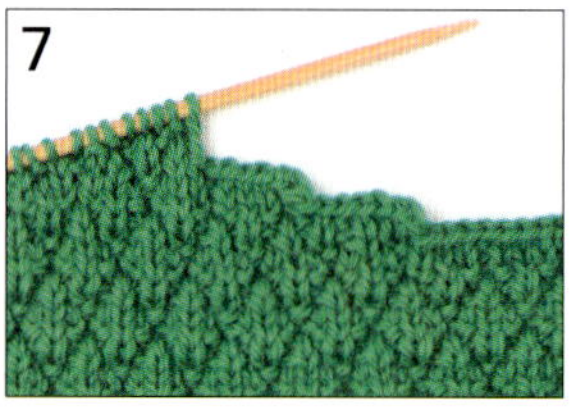

第5行也与步骤5、6一样减6针。

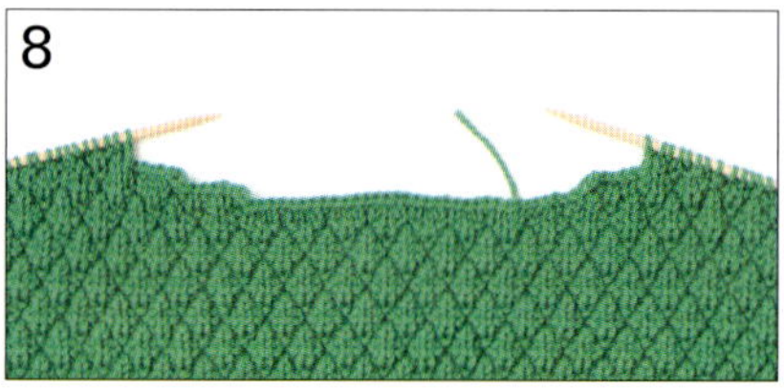

按符号图继续编织，后领窝完成。

肩部的盖针接合

※使用6/0号钩针

将2片织物正面朝内对齐，在2个边针里插入钩针，如箭头所示将后面的针目从前面的针目中拉出。

拉出后的状态。

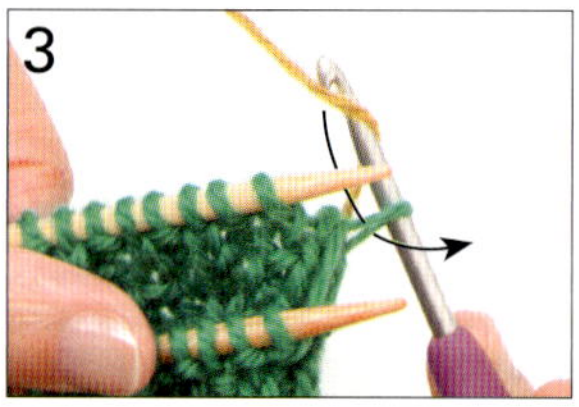

在钩针上挂线引拔（为了便于理解，此处使用了不同颜色的线）。

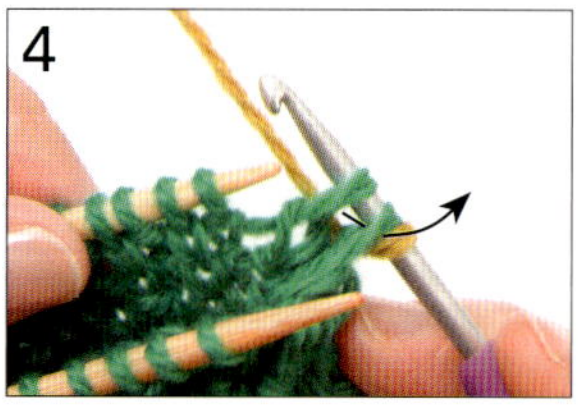

与步骤1一样，在2个边针里插入钩针，如箭头所示将后面的针目从前面的针目中拉出。

在钩针上挂线引拔。

引拔后的状态。

重复步骤4~6。

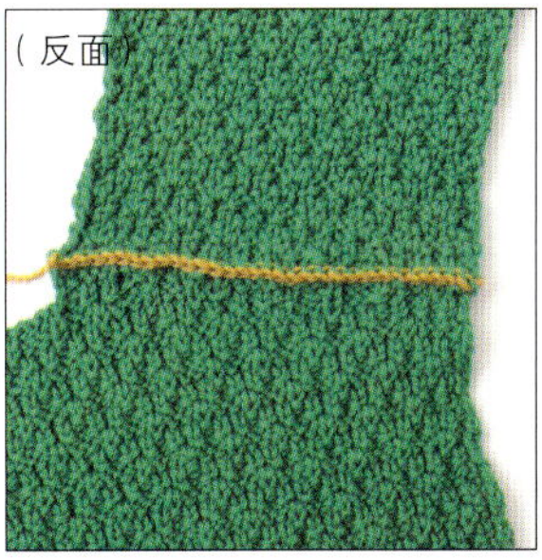

肩部的盖针接合完成。

领窝的挑针方法

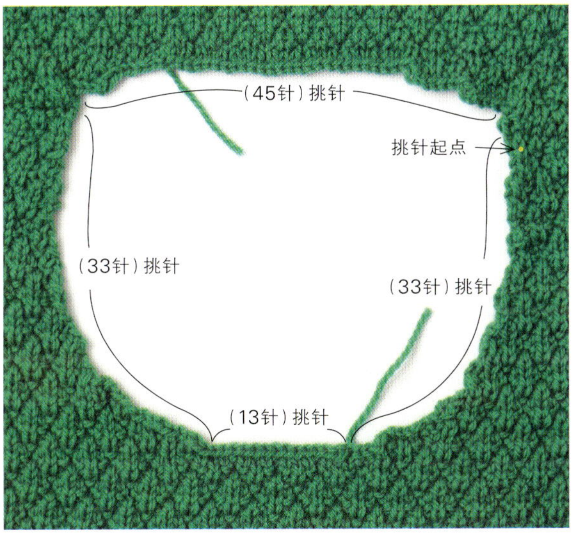

从左肩的接合位置开始挑针，依次从前身片、后身片挑针。使用环形针时，连续挑一圈针；使用4根1组的棒针时，平均分配针数挑针。

在左肩接合位置的下方加线。边针与第2针之间的●标记就是插入棒针的地方。

在最初的挑针位置插入棒针，拉出新线。留出5cm左右的线头。

从行上挑针时，在边上1针的内侧挑针。从2针并1针的地方挑针时，在下方针目的中心挑针。从针目上挑针时，在针目的中心挑针。

每挑1针适当拉紧线，这样针目会更加整齐美观。

袖窿的挑针方法

与领窝的挑针方法一样，●标记就是挑针位置。使用环形针时，连续挑一圈针；使用4根1组的棒针时，平均分配针数挑针。

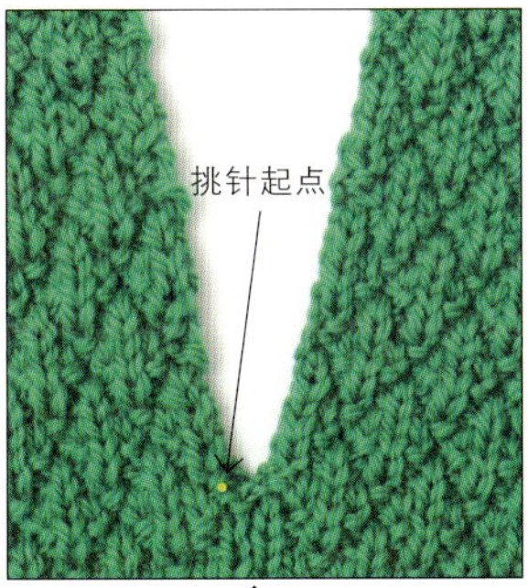

胁部

在胁部挑针缝合线旁边的行上1针内侧插入棒针，将线拉出。留出5cm左右的线头。

从2针并1针的地方挑针时，在下方针目的中心挑针。从行上挑针时，在边上1针的内侧挑针。

用相同方法在袖窿挑一圈针。

V领的编织方法

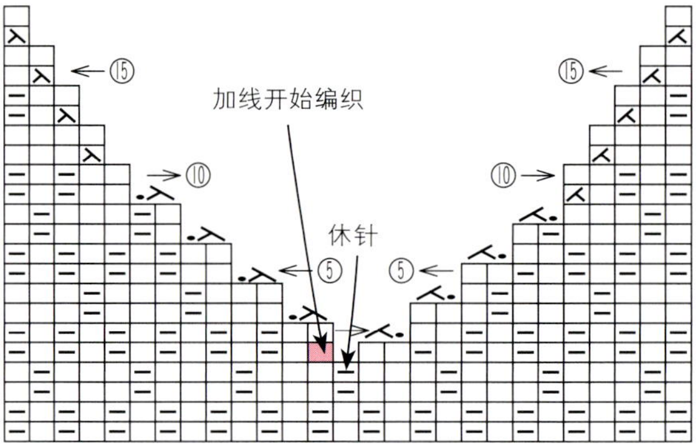

第1行编织至中间1针的前一针，在中间1针里加入行数记号扣（或者另线）休针。

看着织物的正面，将左侧的针目休针，按符号图编织右侧的领窝（图片是右侧领窝编织完成后的状态）。

左侧的第1行从中间针目的下一针加入新线开始编织。

V领完成。

V领尖的挑针方法和编织方法

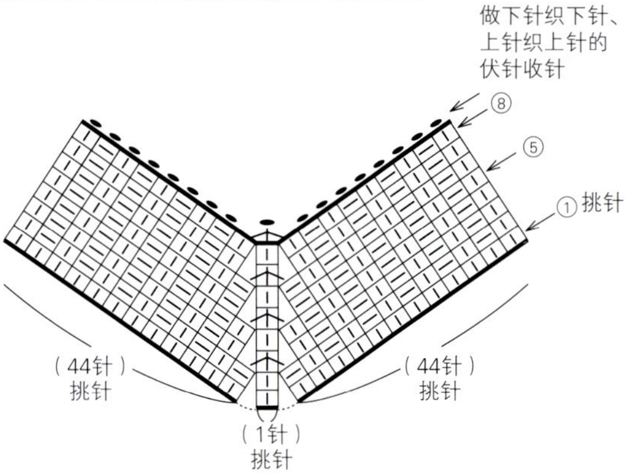

第1行按p.37“领窝的挑针方法”的相同要领挑针。挑针至前领窝中心的前一针。

取下记号扣，注意不要漏针，在中间针目里插入棒针编织下针。

继续挑针。

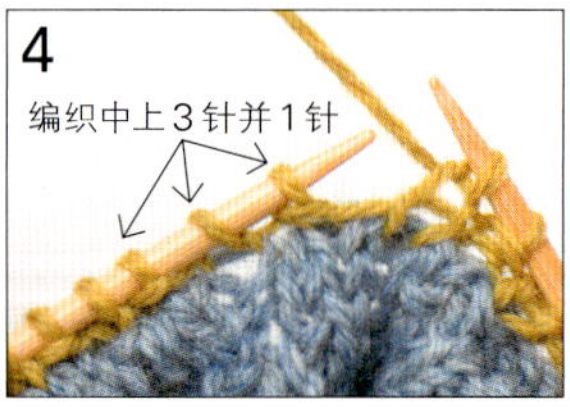

从第2行开始编织单罗纹针，第3行中间的3针编织中上3针并1针。

中上3针并1针完成后的状态。接着用相同方法按符号图继续编织。

最后做下针织下针、上针织上针的伏针收针。V领尖完成。

手指挂线起针

1

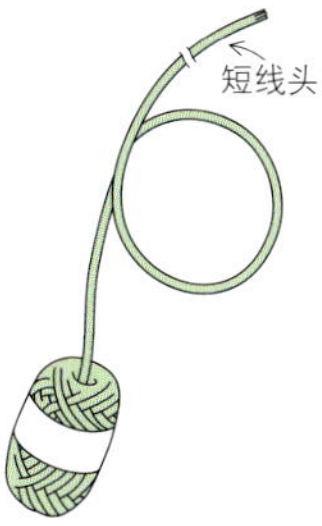

留出大约3倍于想要编织长度的短线头。

2

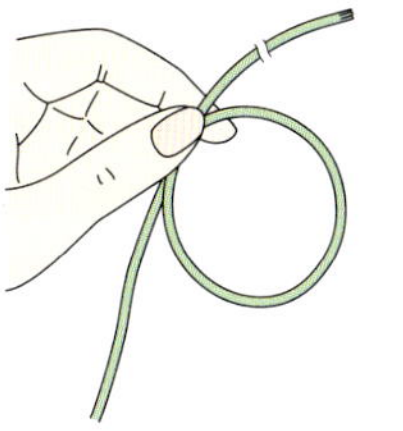

制作线环，用左手的拇指和食指捏住线的交叉点。

3

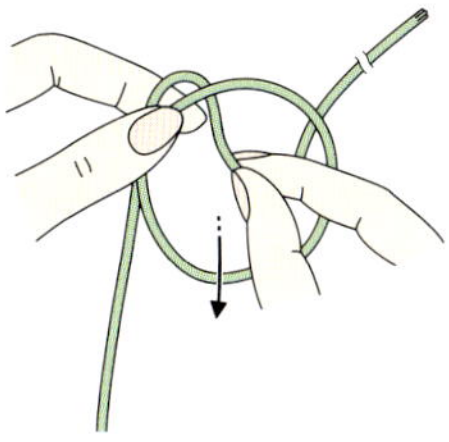

从线环中拉出短线头。

4

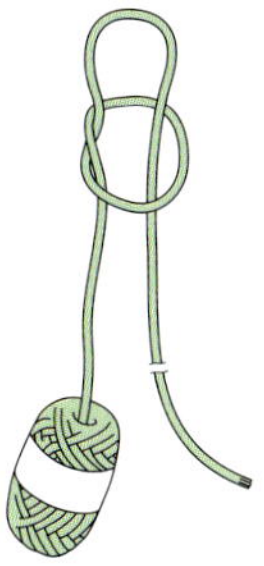

用拉出的线制作1个小线圈。

5

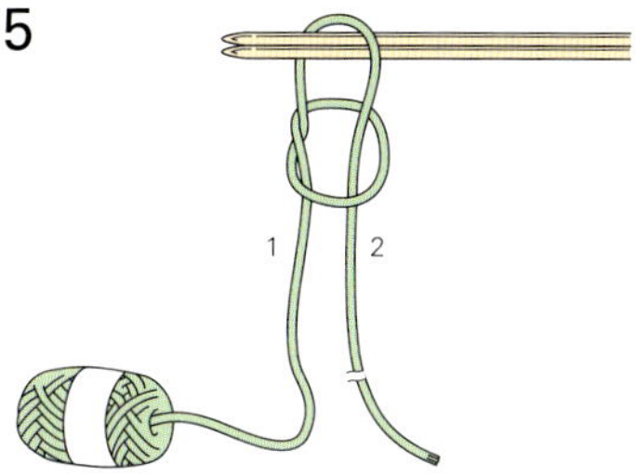

在小线圈中插入2根棒针，按1、2的顺序将线拉紧。

6

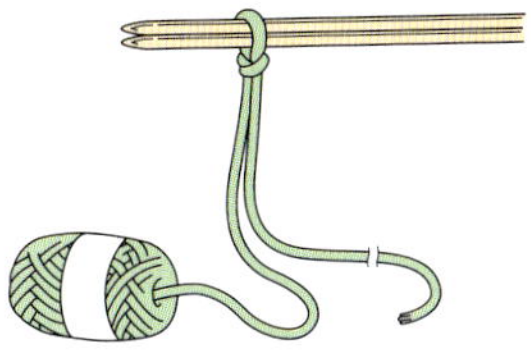

拉紧线后的状态。1针完成。

7

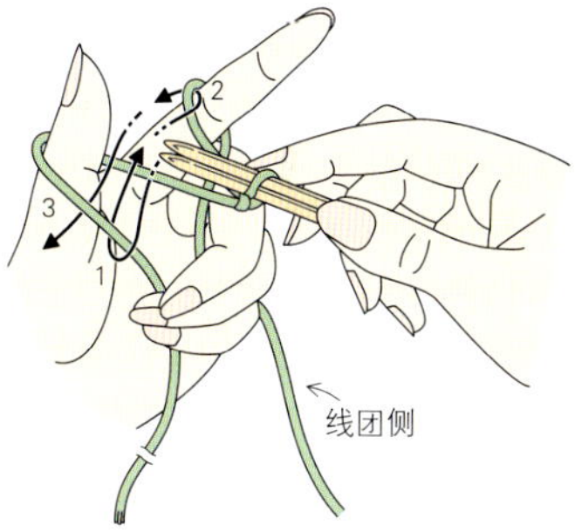

将短线头挂在左手拇指上，将线团侧的线挂在食指上，右手按1、2、3的顺序转动棒针的针头挂线。

8

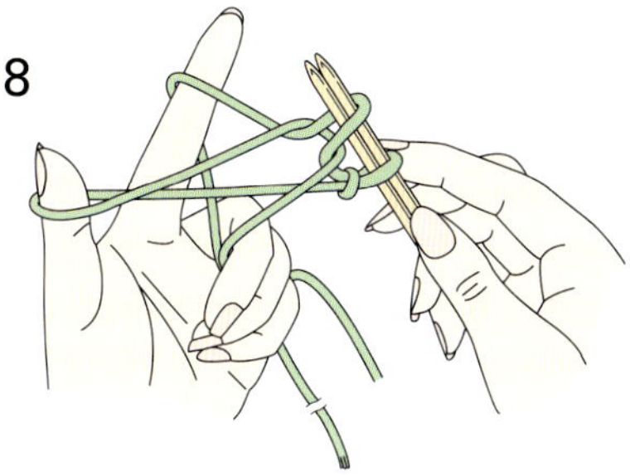

挂线后的状态。

9

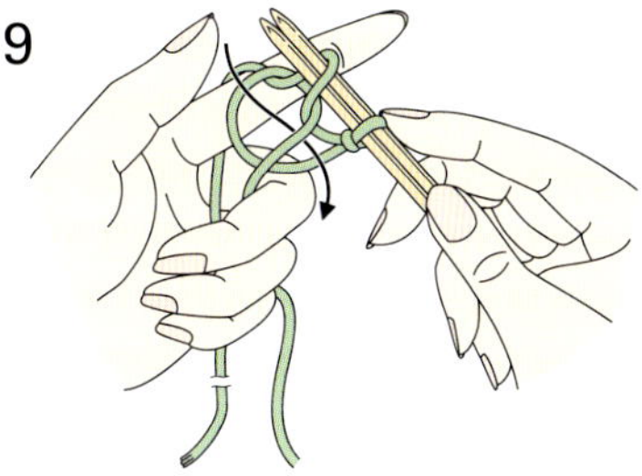

松开左手拇指上的挂线，如箭头所示重新插入拇指。

10

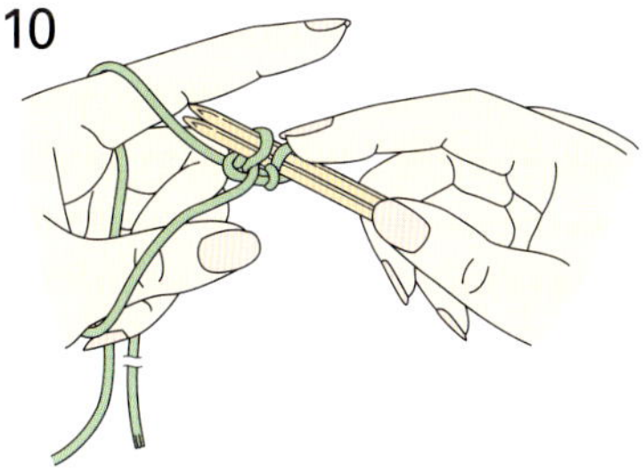

拉紧左手拇指上的挂线（短线头），收紧针目。

11

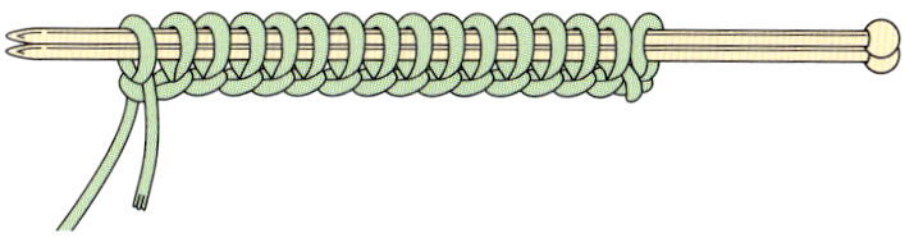

重复步骤7~10制作所需数量的起针。起针完成。

12

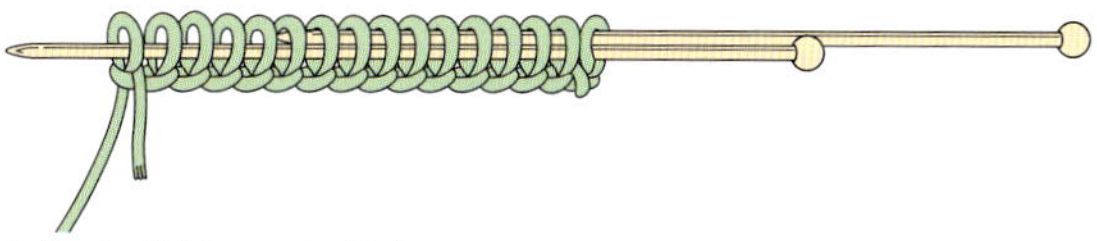

抽出1根棒针，手指挂线起针的第1行完成。

另线锁针起针

1

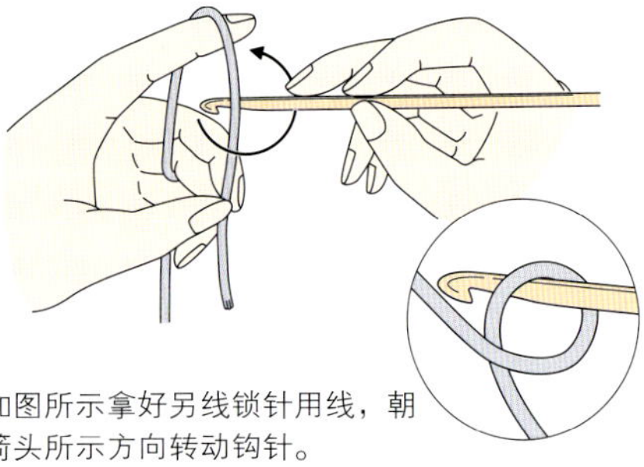

如图所示拿好另线锁针用线，朝箭头所示方向转动钩针。

2

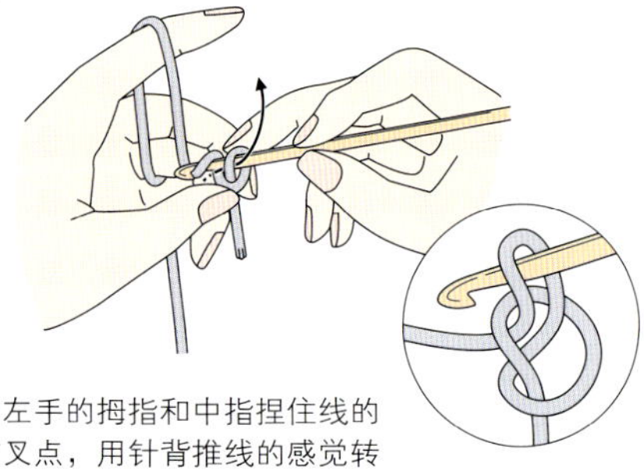

用左手的拇指和中指捏住线的交叉点，用针背推线的感觉转动针头挂线，从线环中将线拉出。

3

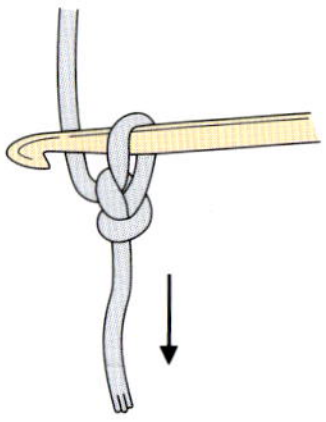

拉动线头收紧线环（此针不计入针数）。

4

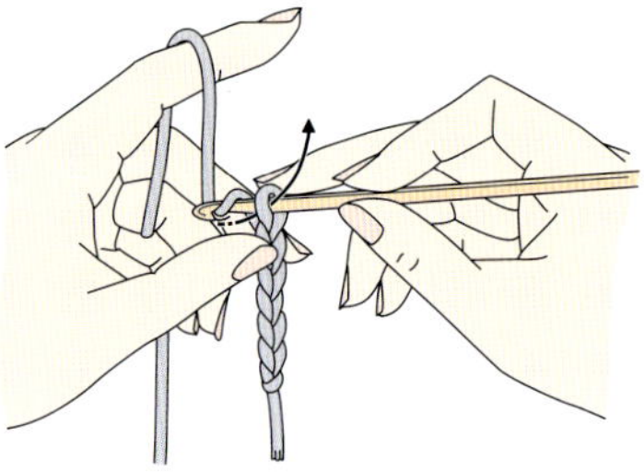

重复“针头挂线后拉出”，比所需数量多钩几针锁针。

5

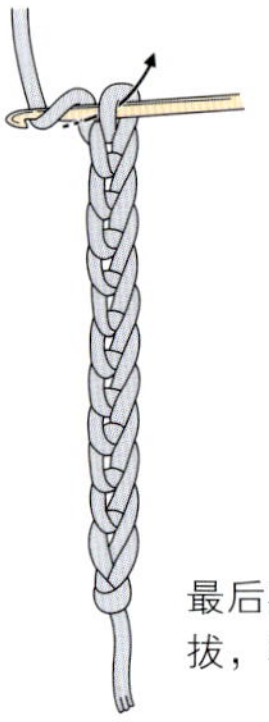

最后再次针头挂线引拔，将线剪断。

6

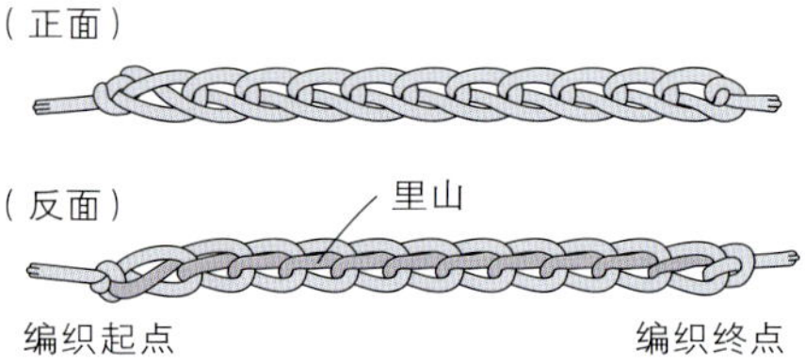

另线锁针完成。

7

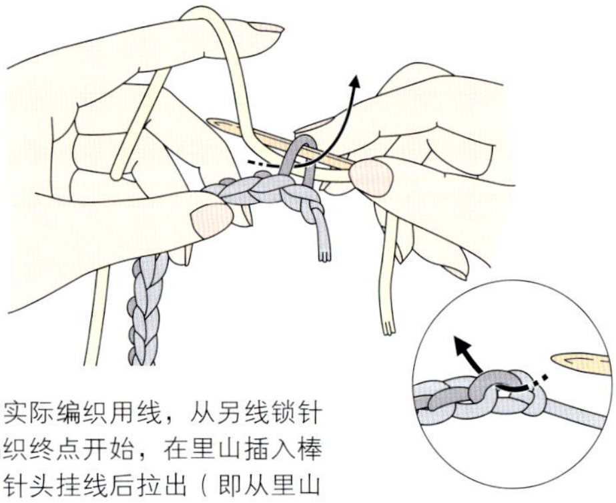

使用实际编织用线，从另线锁针的编织终点开始，在里山插入棒针，针头挂线后拉出（即从里山挑针）。

8

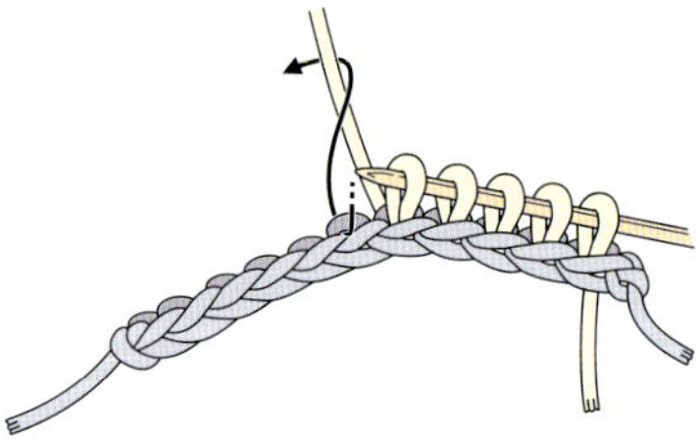

从每个里山挑出1针。

9

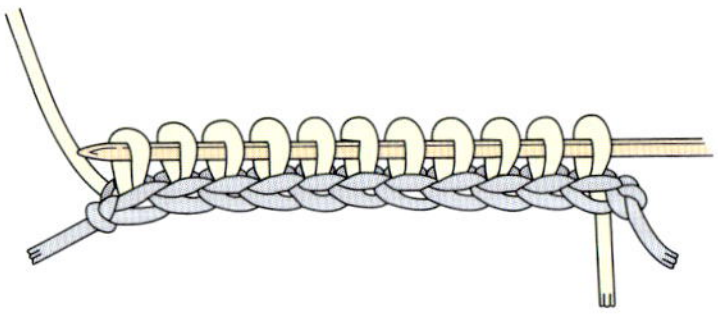

挑取所需针数后，第1行就完成了。因为另线锁针事后还要解开，所以多几针也没有关系。

D → p.8
连帽背心

【材料和工具】

线…和麻纳卡 Amerry 原白色（20）M：420g L：450g

针…棒针6号

【成品尺寸】

M：胸围116cm，衣长62.5cm，连肩袖长29cm

L：胸围122cm，衣长64cm，连肩袖长31cm

【编织密度】

10cm×10cm面积内：下针编织20.5针，29行；编织花样26针，32行

【编织要点】

○后身片另线锁针起针后开始做单罗纹针和下针编织。接着做编织花样，在第1行平均加针。袖窿、领窝减2针及以上时做伏针减针，减1针时立起侧边1针减针。下摆解开起针时的锁针，编织双罗纹针。编织终点做下针织下针、上针织上针的伏针收针。

○口袋另线锁针起针后开始做18行下针编织。接着参照图示一边加减针一边继续编织。

○前身片另线锁针起针后开始做18行下针编织。接着编织第19行，直接从口袋的★处挑针编织。第20行也用相同方法连续编织至口袋☆处的针目，使前身片与口袋连接在一起。将口袋倒向前面，继续编织至第52行。在下一行与口袋编织终点的休针重叠在一起编织，注意口袋两端各减1针缝份。接着按后身片相同要领编织。下摆解开另线锁针，两端从口袋上挑针，中心的66针将前身片与口袋的针目重叠在一起挑针。编织终点做下针织下针、上针织上针的伏针收针。

○肩部做盖针接合，胁部做挑针缝合。帽子从领窝挑针后做下针编织，编织终点做下针无缝缝合。袖窿、帽子边缘、袋口分别编织双罗纹针，编织终点与下摆处一样收针。帽子边缘的两端与前领窝做针与行的接合。口袋反面的两端做卷针缝缝合。袋口的两端做挑针缝合。

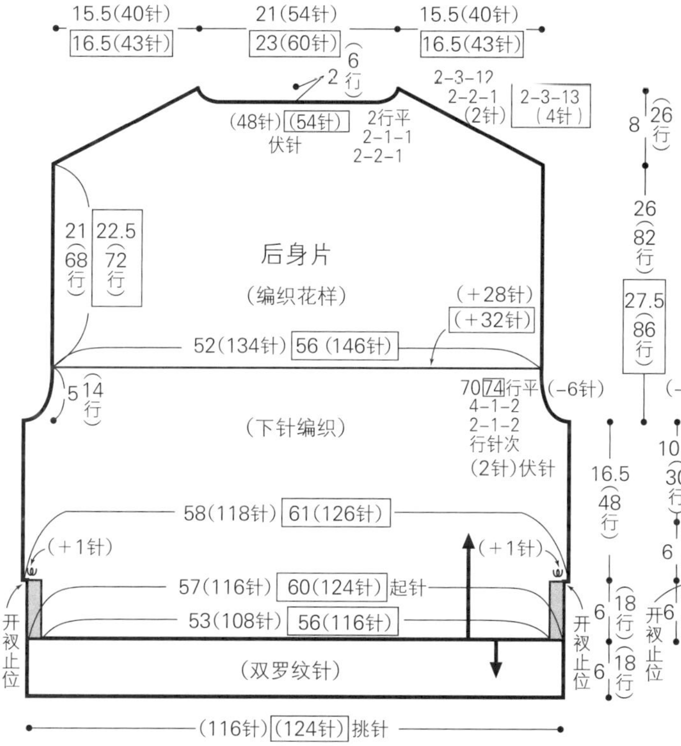

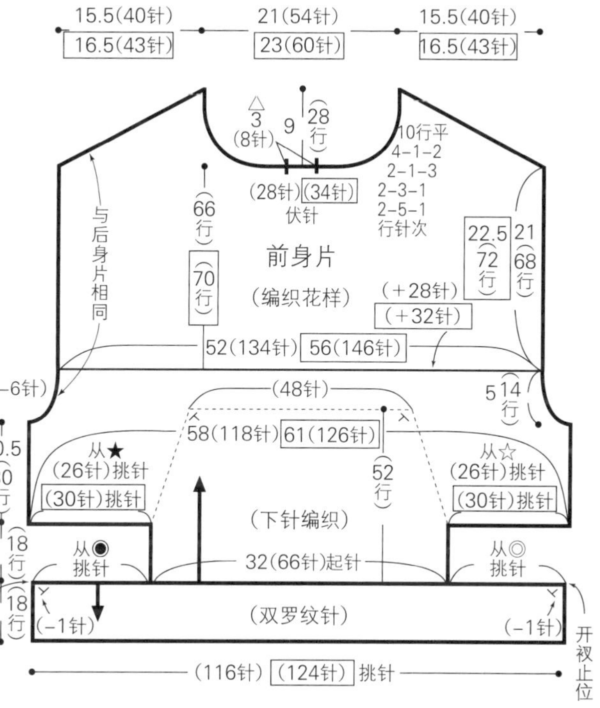

※全部使用6号针编织

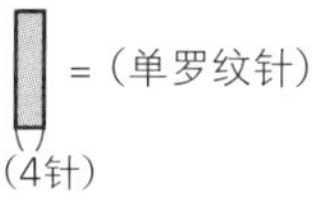

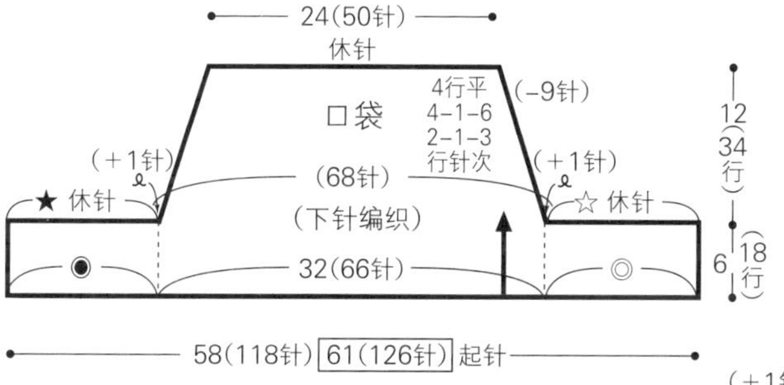

◎、◉、☆、★=13(26针) 14.5(30针)

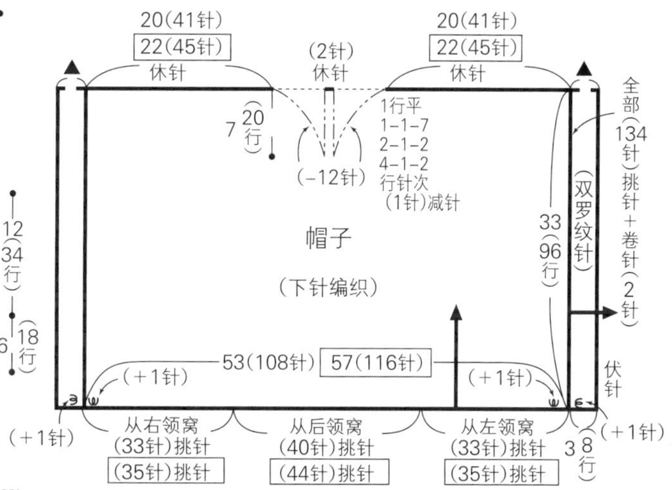

尺寸按M号、L号的顺序标注
只有1种标注时表示通用

※▲与▲连续编织

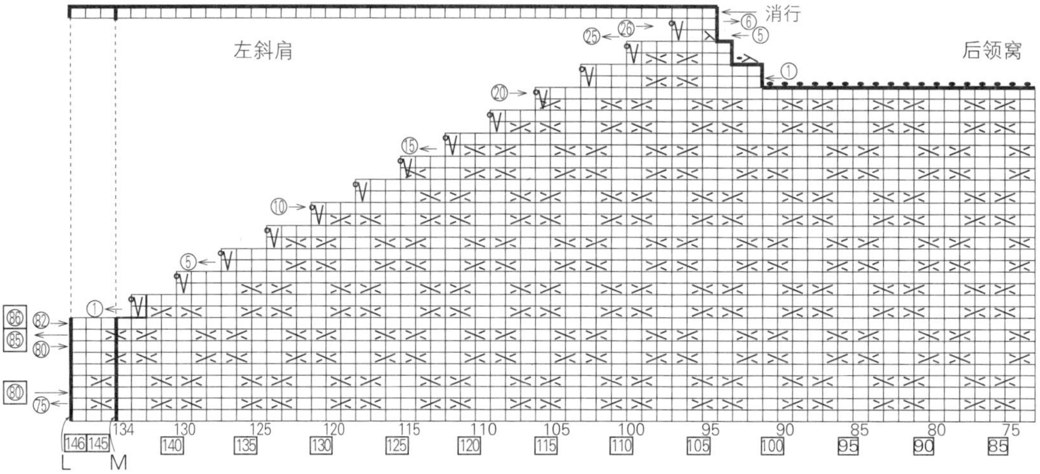

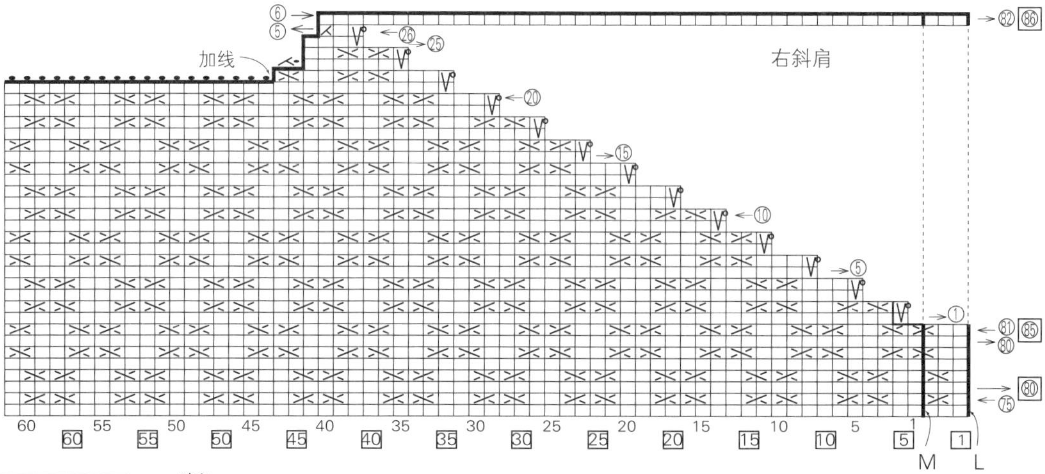

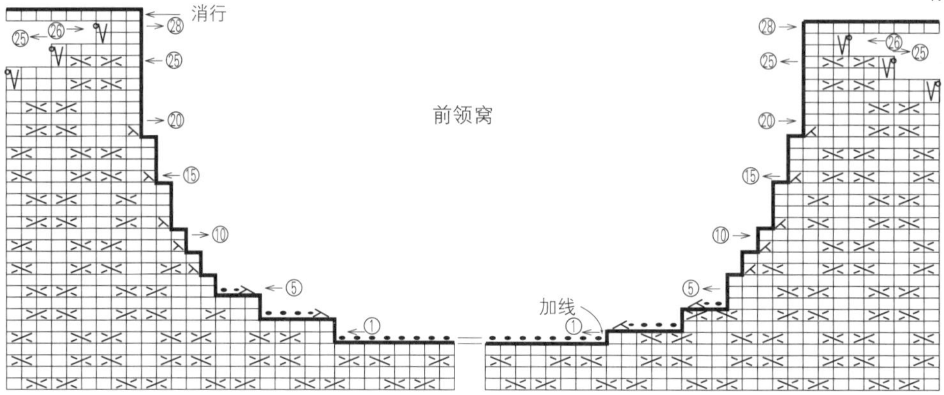

编织花样 6针8行1个花样

□ 为L号的标注

□ = ⊡ 下针

= 左上1针交叉

= 右上1针交叉

= 左上2针并1针

= 右上2针并1针

= 扭针加针

= 滑针

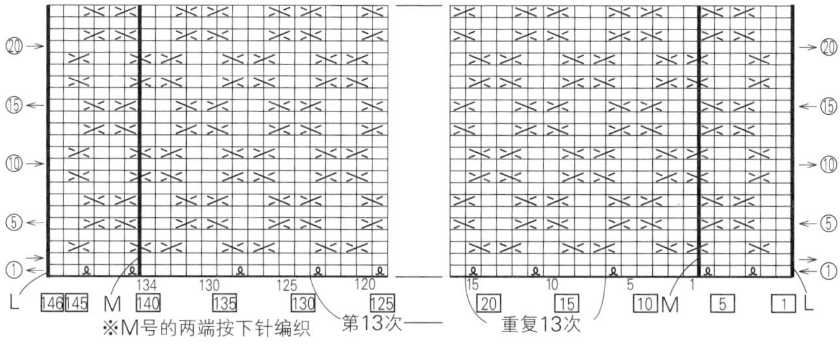

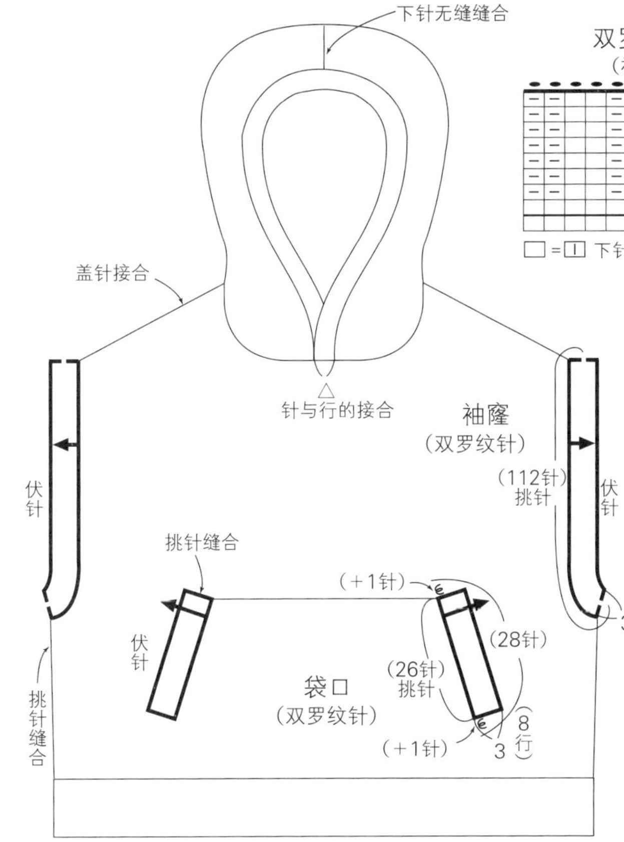

双罗纹针（袖窿）

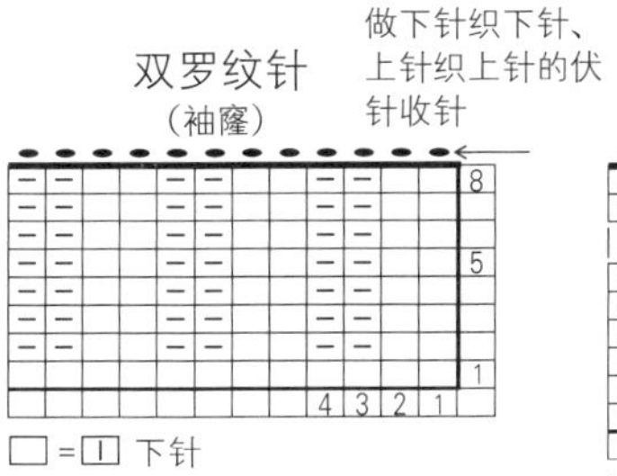

双罗纹针（下摆）

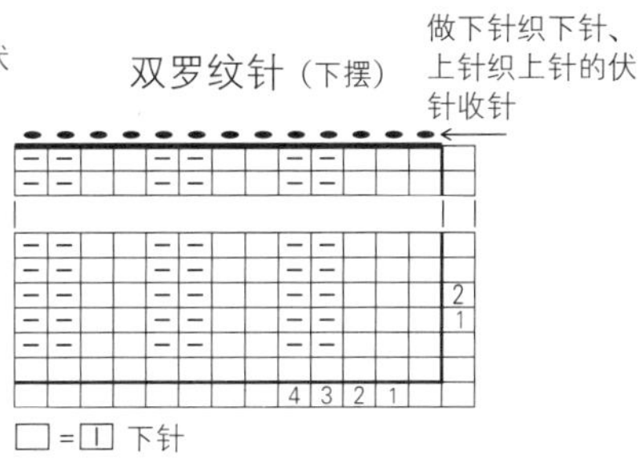

双罗纹针（袋口、帽子边缘）

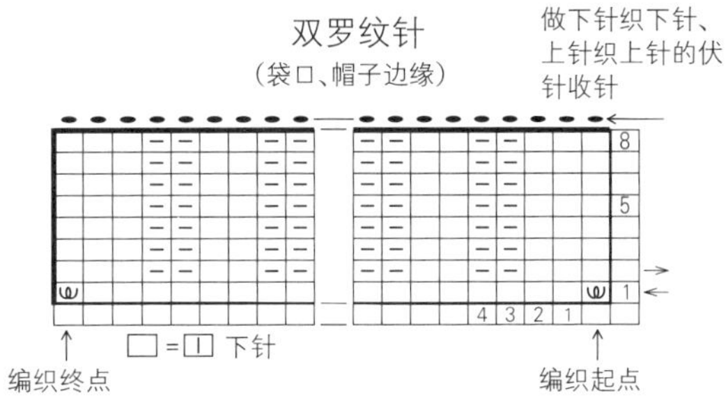

后身片

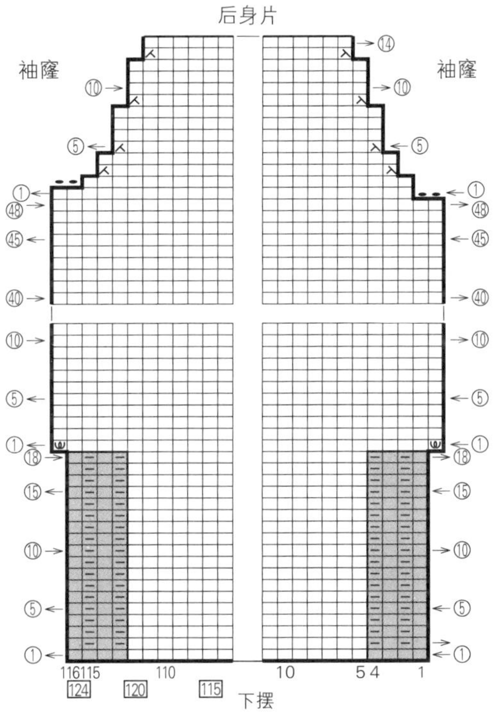

口袋

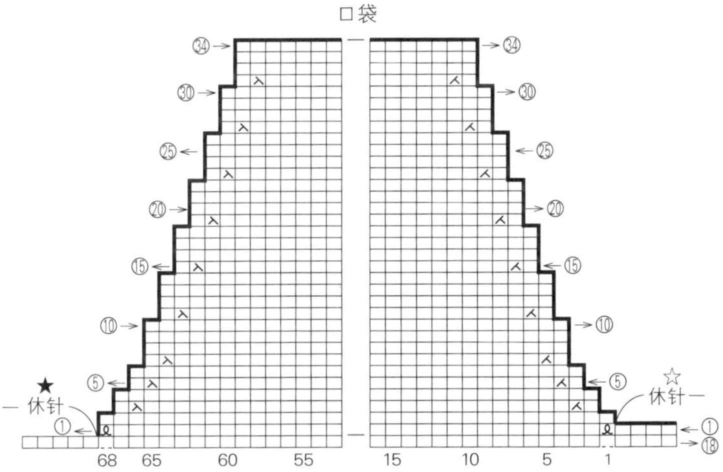

帽子

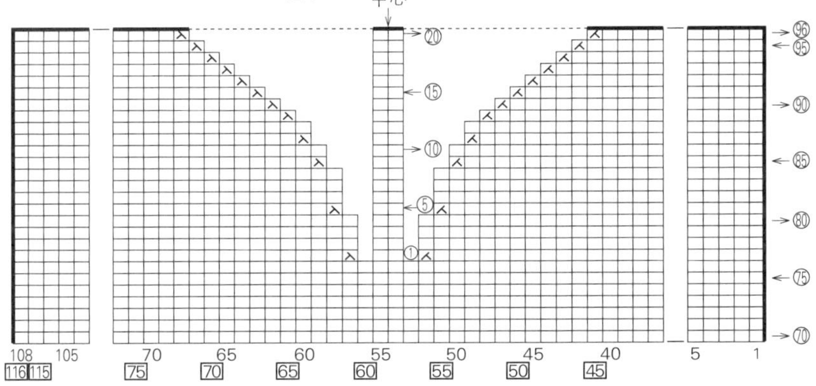

- □ = ⊡ 下针
- ⊟ = 上针
- ⋌ = 左上2针并1针
- ⋋ = 右上2针并1针
- ℓ = 扭针加针
- ⋓ = 卷针

□ 为L号的标注

A → p.4 细密的绗缝花样背心

【材料和工具】
线…达摩手编线 Merino DK（中粗） 翠绿色（22）M： 305g
L： 350g
针…棒针6号、5号

【成品尺寸】
M：胸围96cm，衣长54.5cm，连肩袖长27cm
L：胸围102cm，衣长59.5cm，连肩袖长28.5cm

【编织密度】
10cm×10cm面积内：编织花样24针，32行

【编织要点】
◯手指挂线起针后开始编织24行单罗纹针。接着按编织花样编织。在袖口开口止位做好标记。领窝减2针及以上时做伏针减针，减1针时立起侧边1针减针。斜肩做引返编织。
◯肩部做盖针接合，胁部做挑针缝合。衣领、袖口环形编织单罗纹针。编织终点做下针织下针、上针织上针的伏针收针。

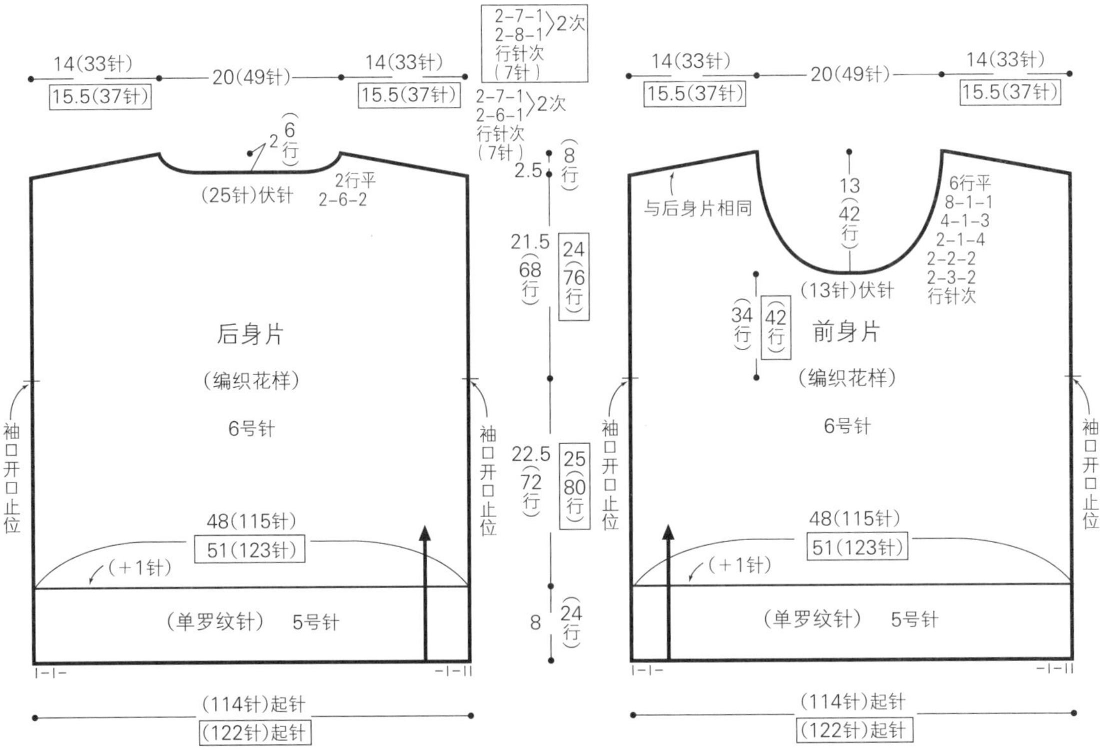

尺寸按M号、L号的顺序标注
只有1种标注时表示通用

编织花样

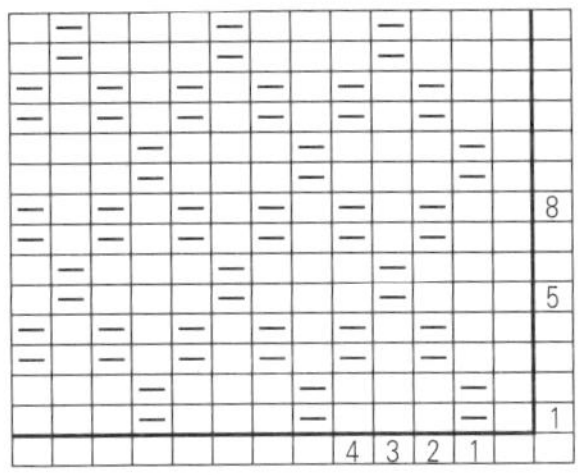

□=□ 下针
⊟=上针

单罗纹针
（衣领、袖口）

做下针织下针、上针织上针的伏针收针

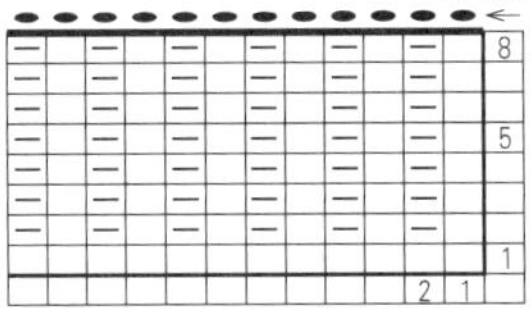

□=□ 下针
⊟=上针

衣领、袖口（单罗纹针） 5号针

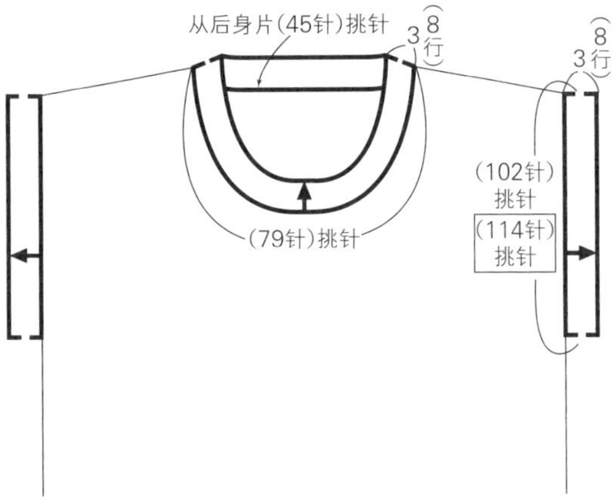

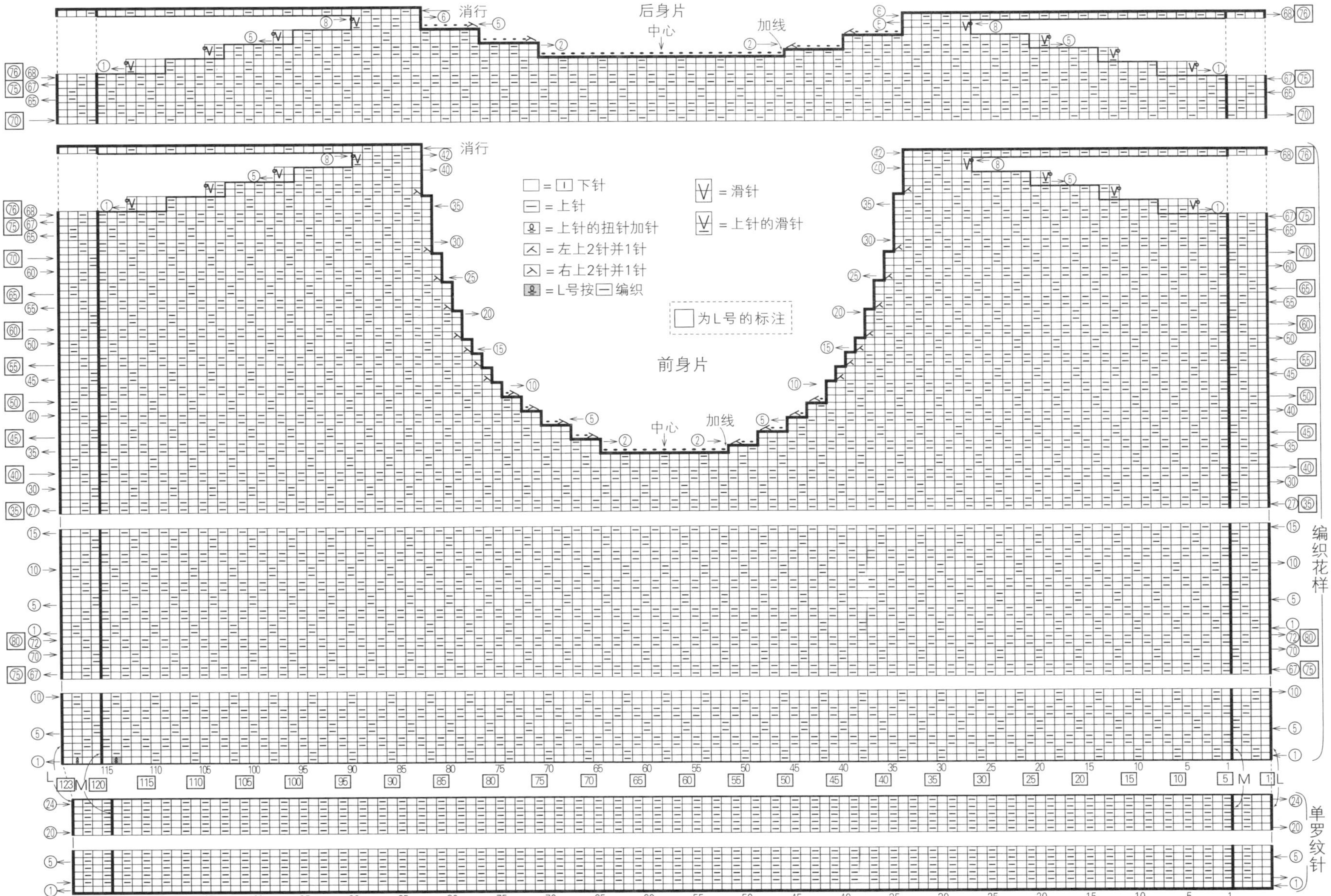

※M号的两端也编织下针
※肩部的引返编织图为L号。M号按相同要领编织

B

→ p.5

细密的绗缝花样V领背心

【材料和工具】

线…达摩手编线　Merino DK（中粗）水蓝色（8）M：300g

L：355g

针…棒针6号、5号

【成品尺寸】

M：胸围96cm，衣长54.5cm，连肩袖长27cm

L：胸围102cm，衣长59.5cm，连肩袖长28.5cm

【编织密度】

10cm×10cm面积内：编织花样24针，32行

【编织要点】

◯手指挂线起针后开始编织24行单罗纹针。接着按编织花样编织。在袖口开口止位做好标记。领窝减2针及以上时做伏针减针，减1针时立起侧边1针减针。斜肩做引返编织。

◯肩部做盖针接合，胁部做挑针缝合。衣领、袖口环形编织单罗纹针。V领尖参照图示减针。编织终点做下针织下针、上针织上针的伏针收针。

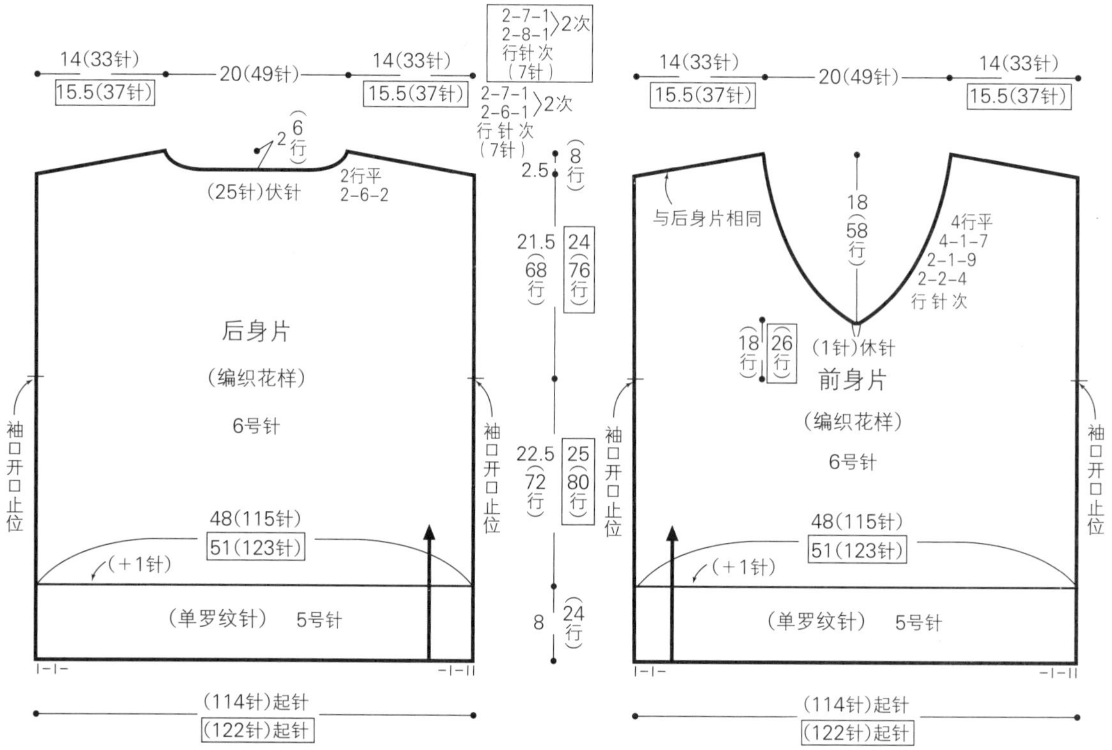

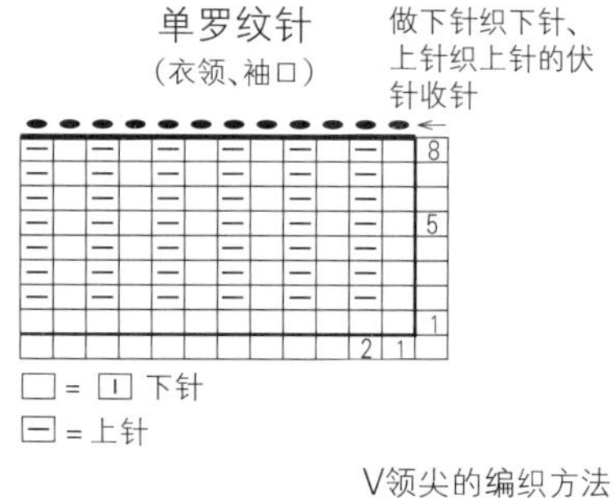

尺寸按M号、L号的顺序标注
只有1种标注时表示通用

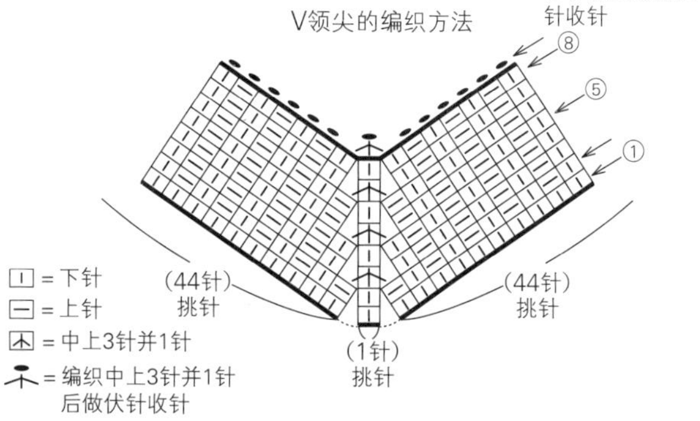

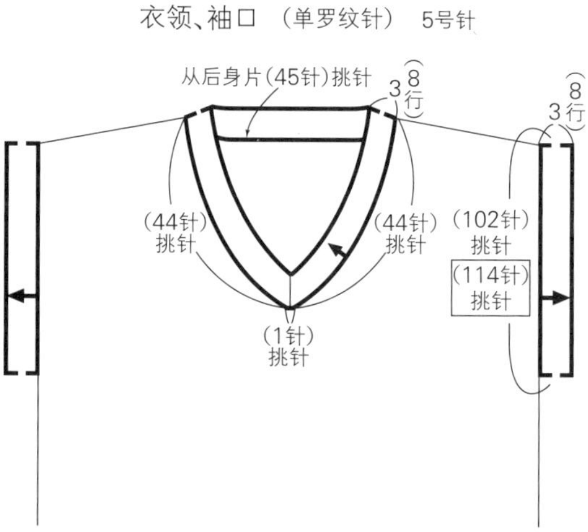

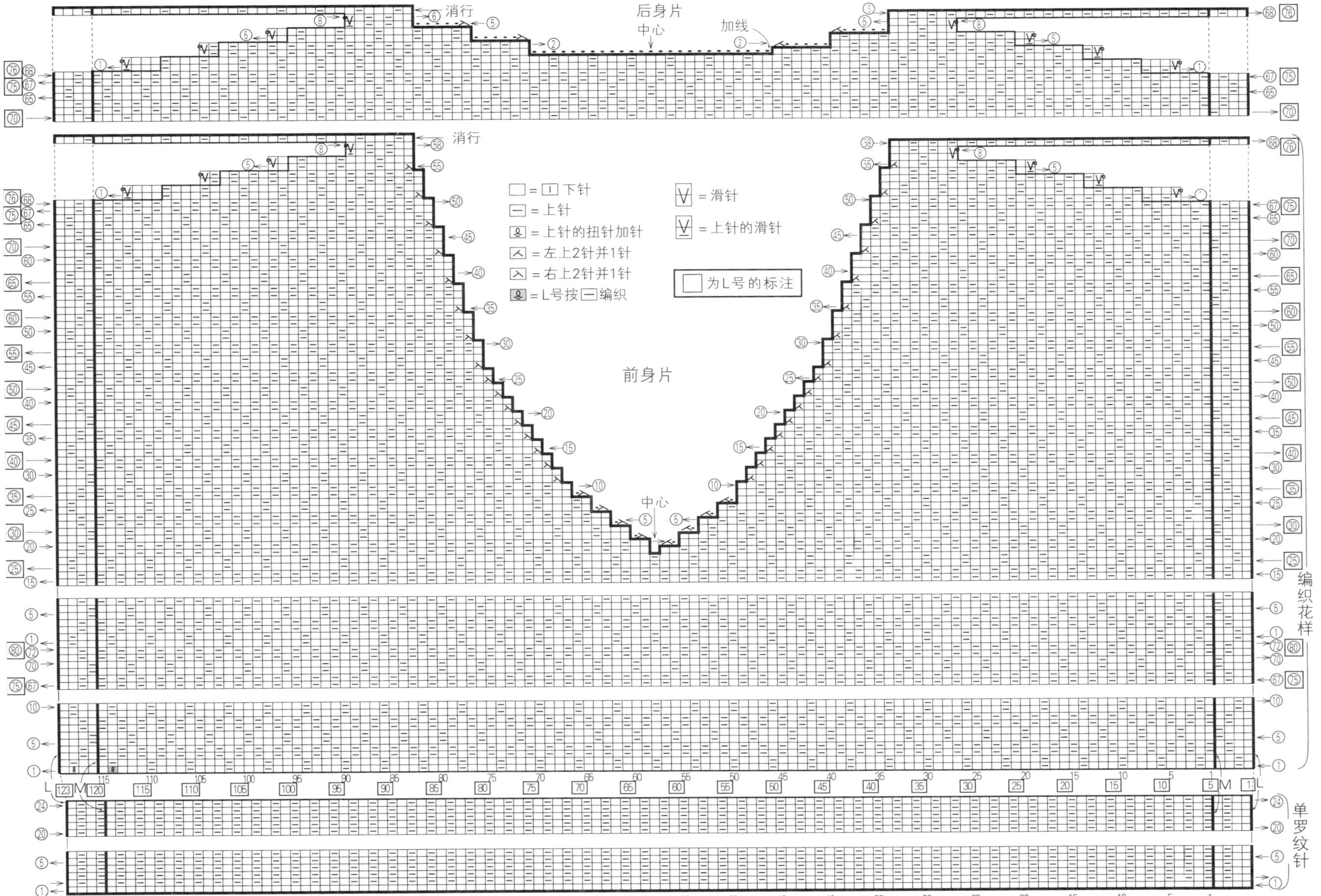

※M号的两端也编织下针
※肩部的引返编织图为L号。M号按相同要领编织

C 针织腰封马甲

→ p.6

【材料和工具】
线…达摩手编线　Rambouillet Wool Cotton　白色（1）M：185g　L：195g
针…棒针8号，钩针6/0号

【成品尺寸】
M：腰围69.5cm，衣长43cm
L：腰围77cm，衣长43cm

【编织密度】
10cm×10cm面积内：编织花样A 20针，27行；编织花样B 23.5针，26行

【编织要点】
◯全部使用2根线合股编织。手指挂线起针，前、后身片按编织花样A和起伏针编织，肩带按编织花样B编织，编织终点做伏针收针。肩带编织2片。细绳钩织双重锁针。
◯参照组合方法，在指定位置缝上肩带和细绳。

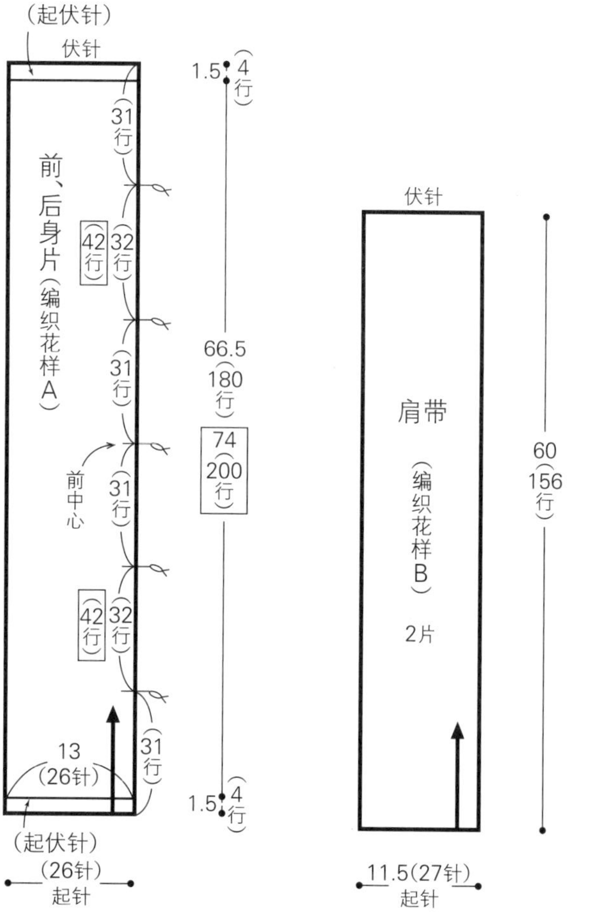

※全部使用2根线合股编织
※除指定以外均用8号针编织
※ ℓ = 用线做标记的位置

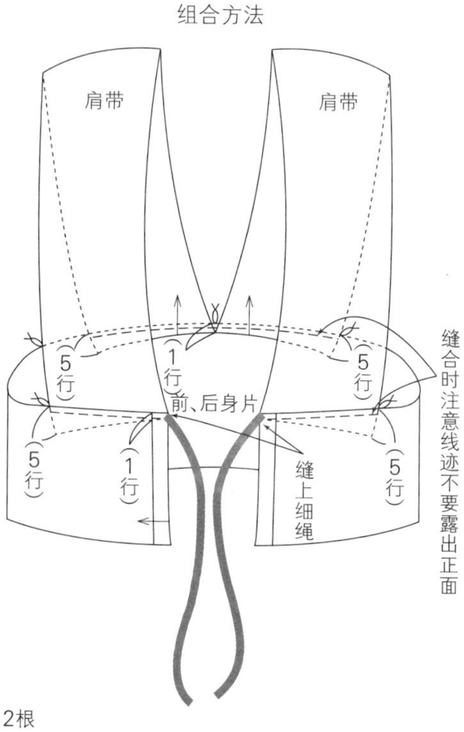

细绳　2根
（双重锁针）　6/0号针

尺寸按M号、L号的顺序标注
只有1种标注时表示通用

引拔针细绳(双重锁针)的钩织方法

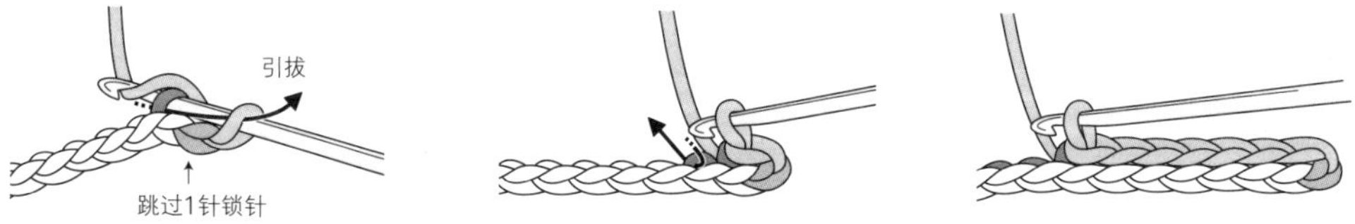

1　钩织所需数量的锁针，接着跳过1针锁针，在下一个里山插入钩针，挂线引拔。

2　下一针也在里山插入钩针，挂线引拔。

3　重复步骤2。

前、后身片

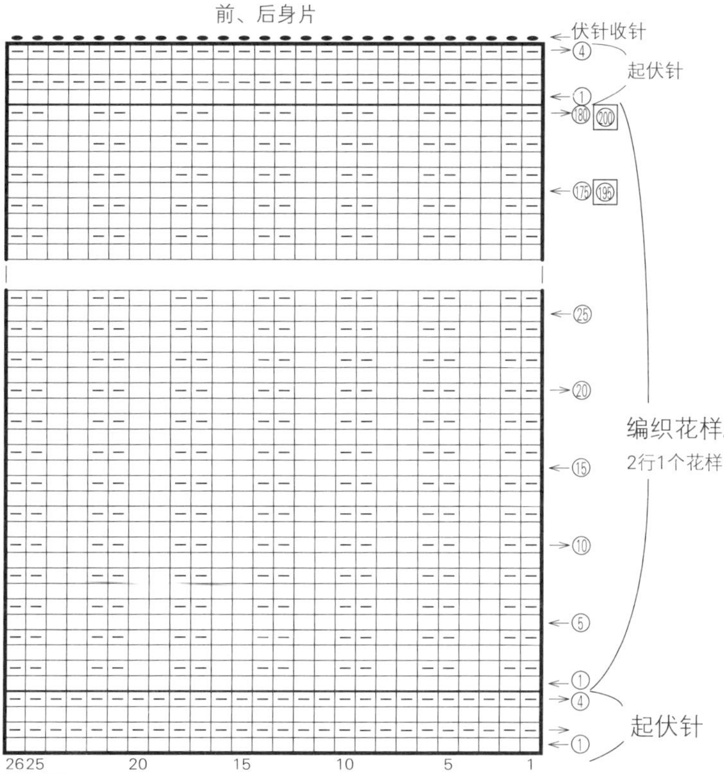

□ = 下针

⊟ = 上针

□为L号的标注

编织花样B

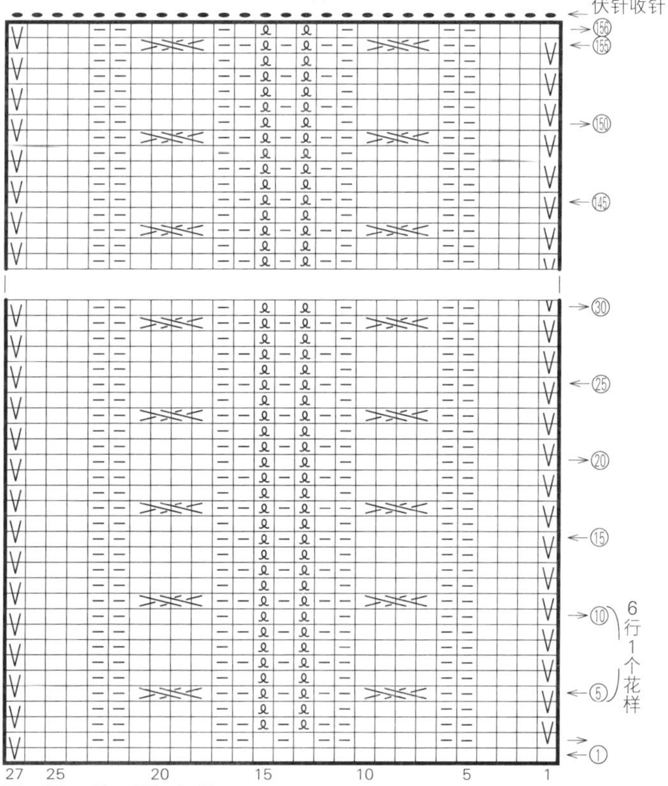

□ = 下针　扭针

⊟ = 上针　= 右上2针交叉

V = 滑针

E 麻花花样背心

→ p.9

【材料和工具】
线…达摩手编线　Falkland Wool　沙米色（2）M：380g　L：535g
针…棒针8号、6号

【成品尺寸】
M：胸围90cm，肩宽37cm，衣长55cm
L：胸围118cm，肩宽48cm，衣长61cm

【编织密度】
10cm×10cm面积内：编织花样27.5针，28行

【编织要点】
○手指挂线起针后开始编织20行双罗纹针。接着按编织花样编织。袖窿、领窝减2针及以上时做伏针减针，减1针时立起侧边2针减针，注意领窝的中心部分做休针处理。
○肩部做盖针接合，胁部做挑针缝合。衣领、袖窿环形编织双罗纹针。衣领的编织终点将针目向内侧翻折，与编织起点的针目做下针无缝缝合，使其变成双层结构。袖窿的编织终点做下针织下针、上针织上针的伏针收针。

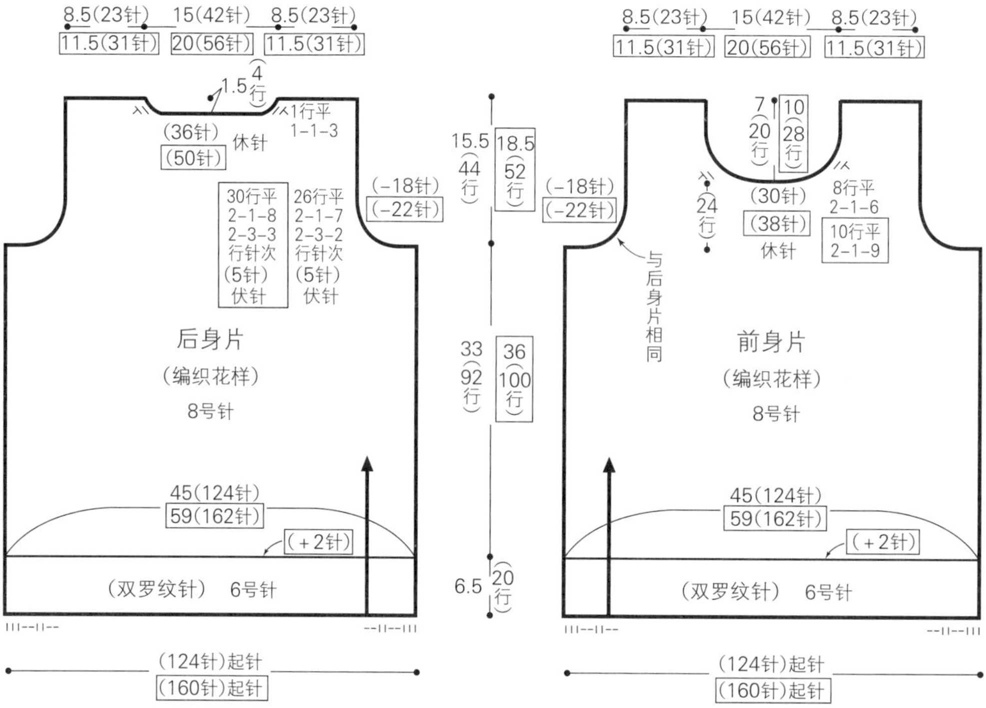

尺寸按M号、L号的顺序标注
只有1种标注时表示通用

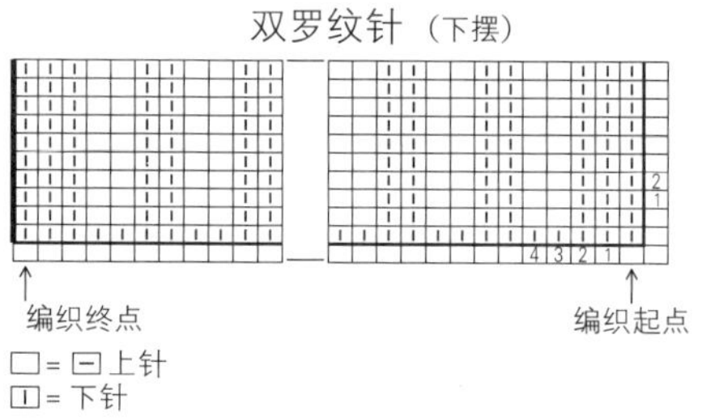

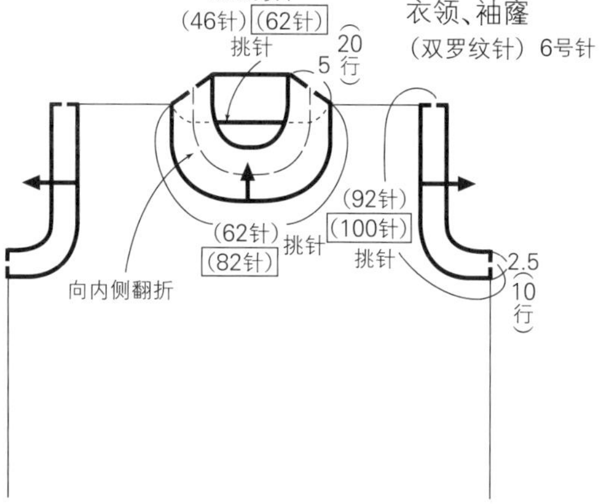

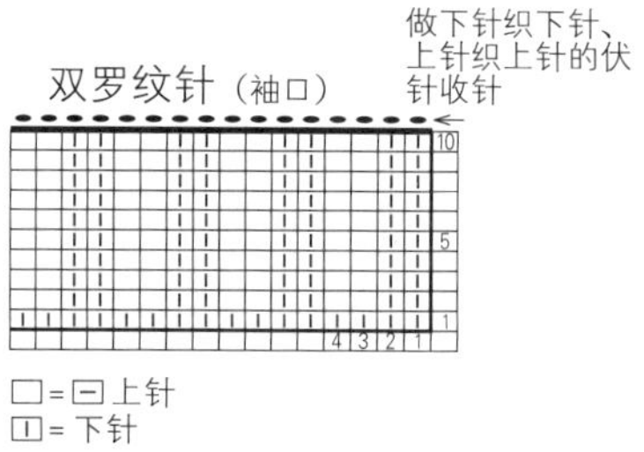

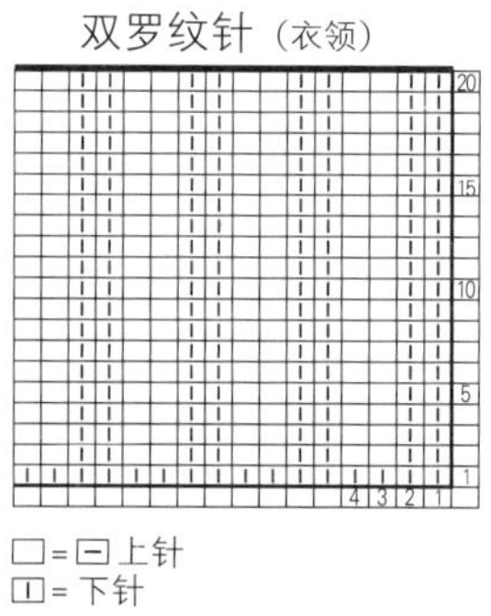

编织花样　38针32行1个花样

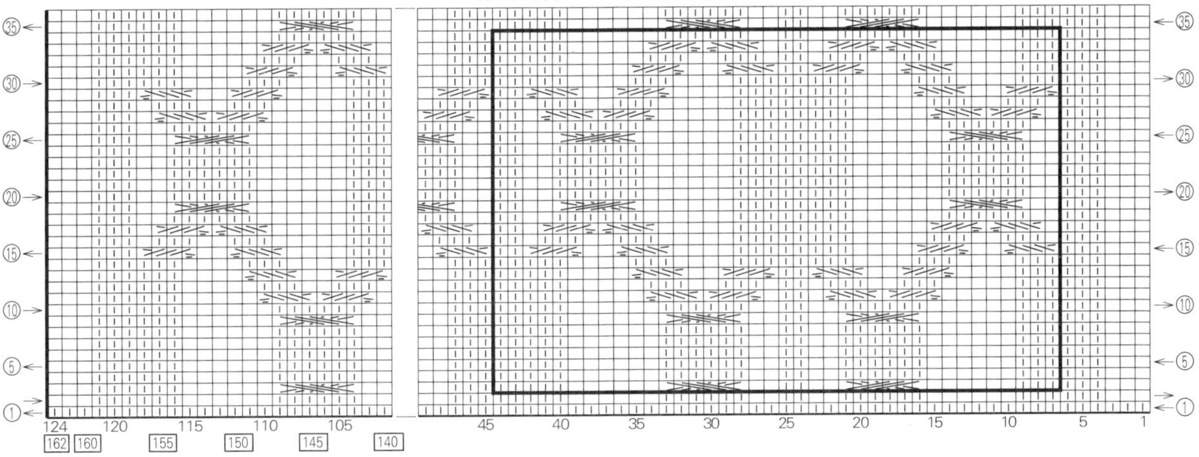

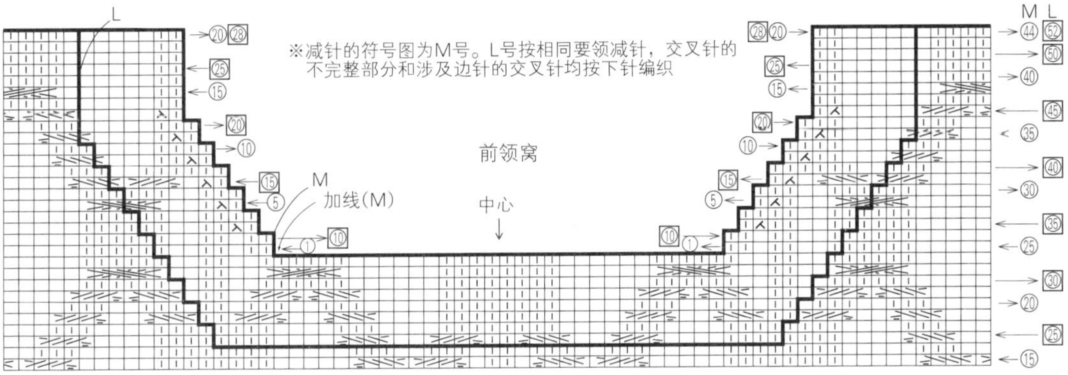

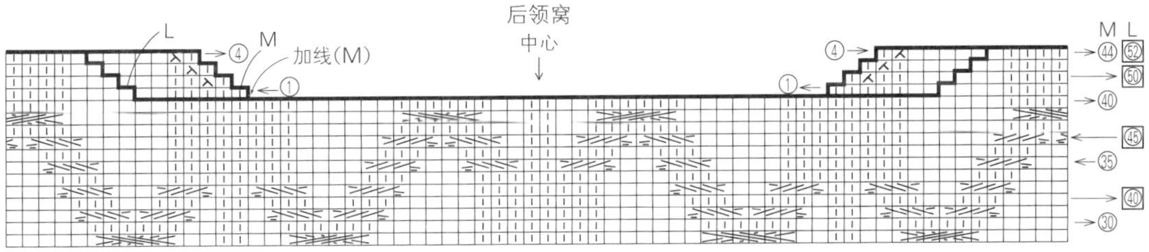

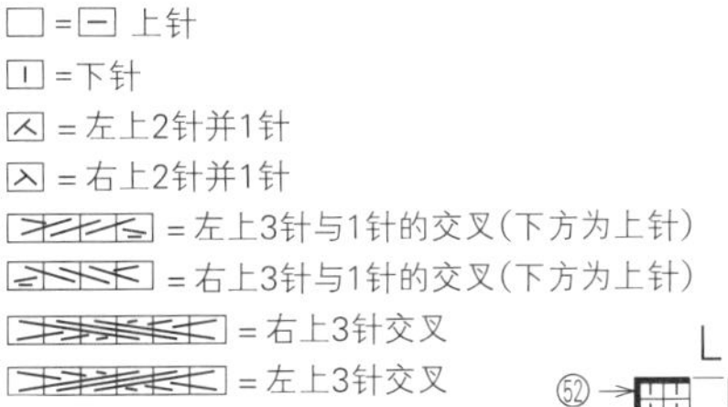

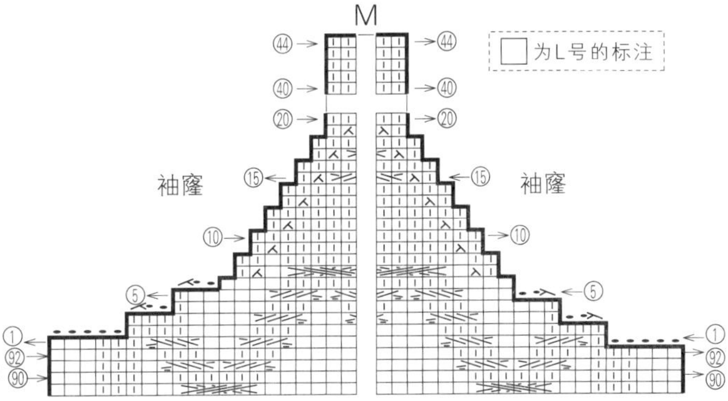

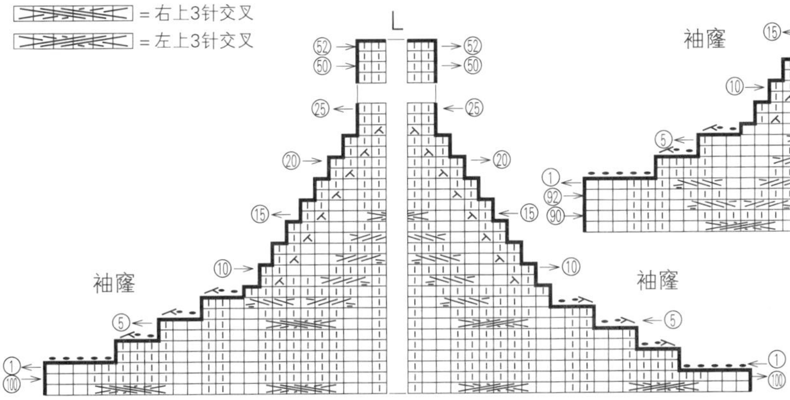

F 滑针花样背心

→ p.10

【材料和工具】
线…和麻纳卡 Sonomono Alpaca Wool（中粗）
炭灰色（65）M：200g L：240g
原白色（61）M：120g L：150g
针…棒针6号

【成品尺寸】
M：胸围108cm，衣长47cm，连肩袖长23.5cm
L：胸围114cm，衣长51.5cm，连肩袖长25.5cm

【编织密度】
10cm×10cm面积内：条纹花样A、A' 22.5针，44行；条纹花样B 23针，36行

【编织要点】
◯手指挂线起针后编织22行，按图示编织单罗纹针和双罗纹针。接着按条纹花样A（A'）、B编织。袖窿、领窝减2针及以上时做伏针减针，减1针时立起侧边1针减针。
◯肩部做盖针接合，胁部做挑针缝合。衣领、袖窿环形编织双罗纹针。编织终点做下针织下针、上针织上针的伏针收针。

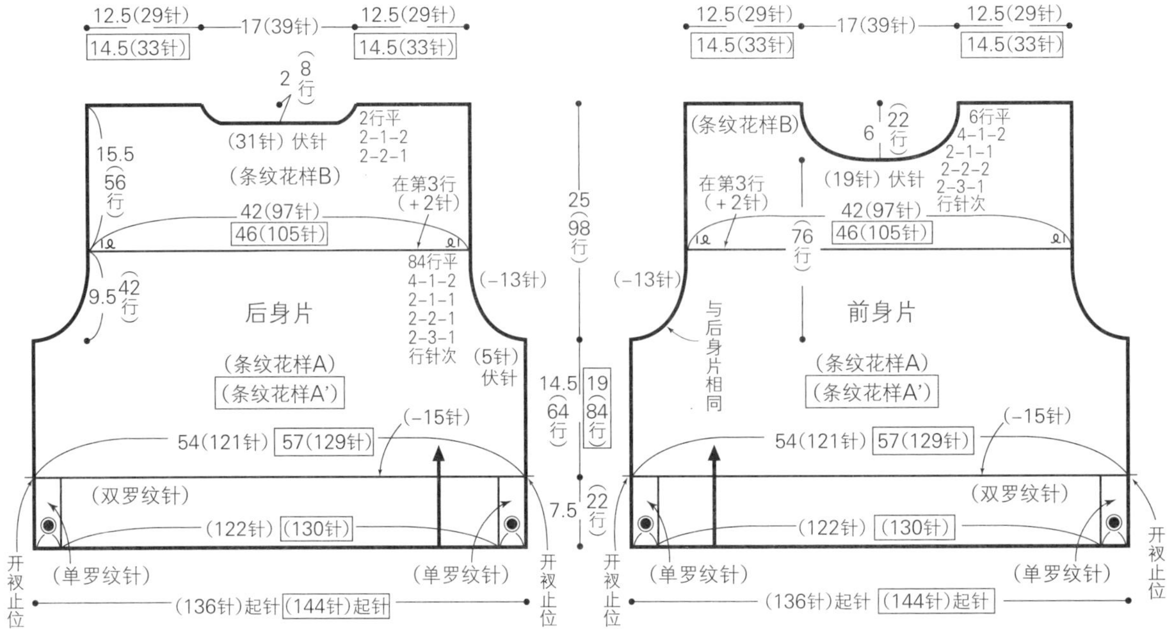

※全部使用6号针编织
※除指定以外均用炭灰色线编织
◉=(7针)

尺寸按M号、L号的顺序标注
只有1种标注时表示通用

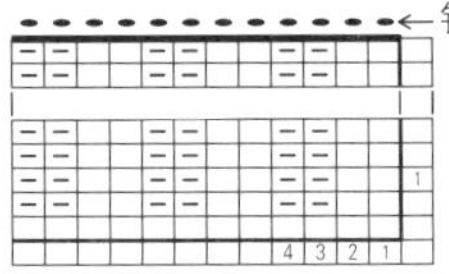

□=□ 下针
⊟=上针

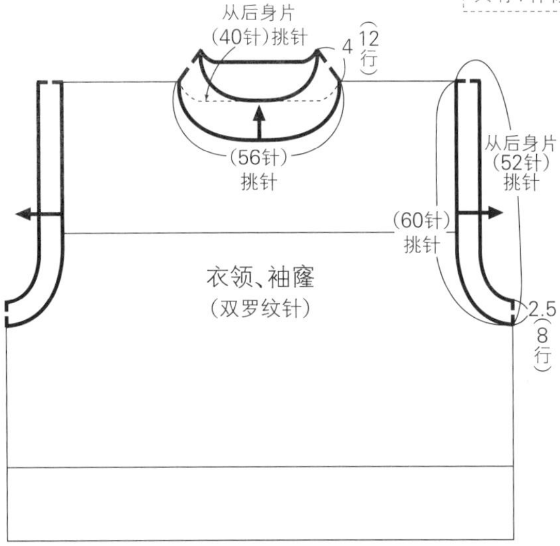

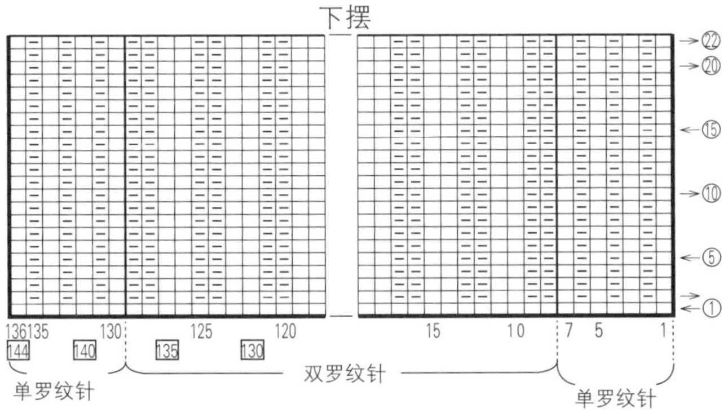

※前领窝按后领窝相同要领编织。边针是滑针时和不完整的交叉针时均按下针编织

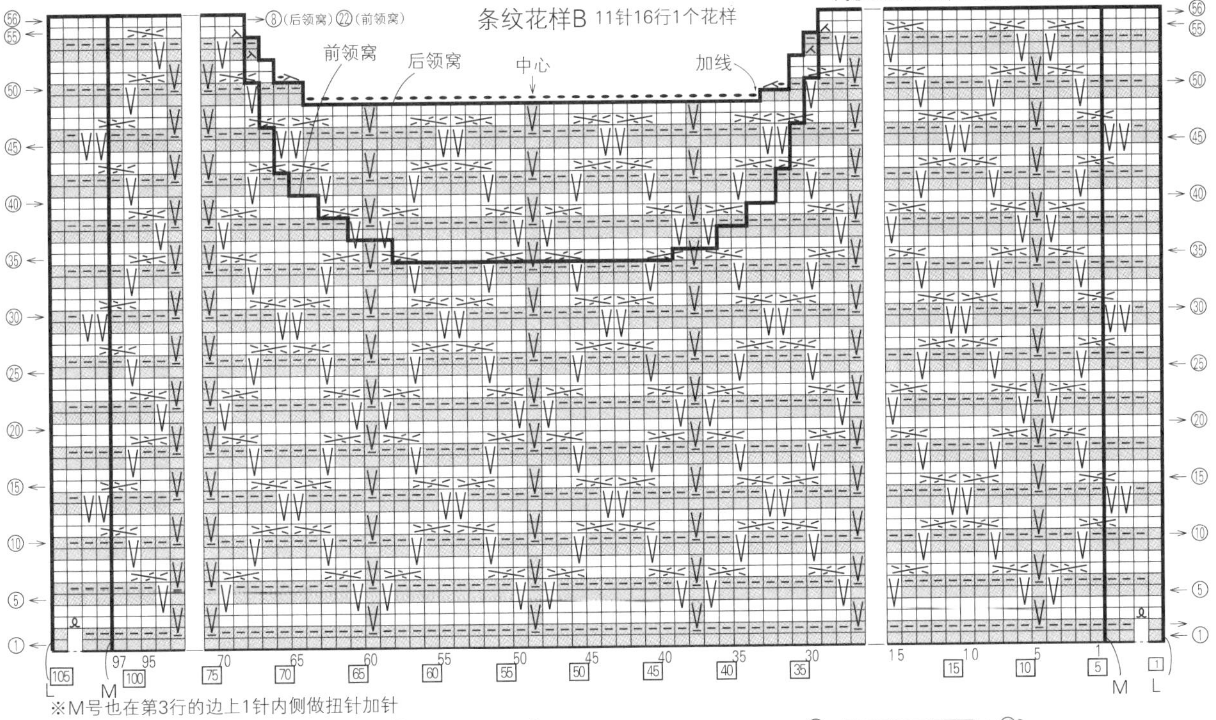

※M号也在第3行的边上1针内侧做扭针加针

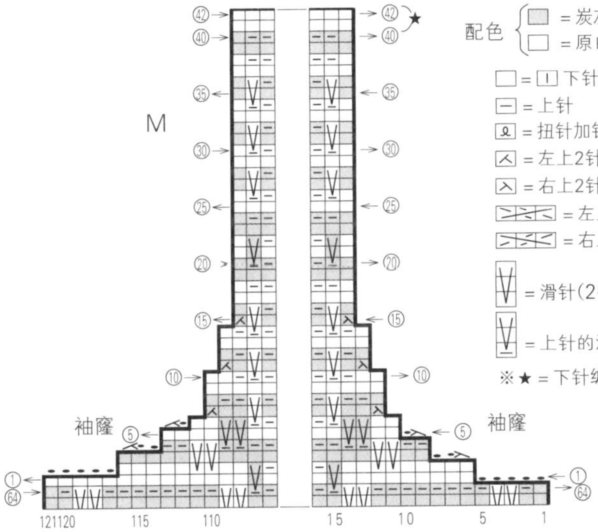

配色
▨ = 炭灰色
□ = 原白色

□ = 丨 下针
⊟ = 上针
ℓ = 扭针加针
⋌ = 左上2针并1针
⋋ = 右上2针并1针
= 左上1针与2针的交叉
= 右上1针与2针的交叉
V = 滑针(2行)
V = 上针的滑针(2行)
※★ = 下针编织

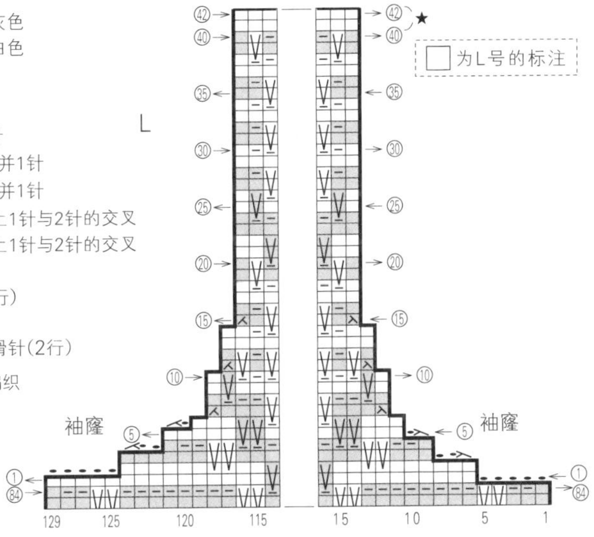

□ 为L号的标注

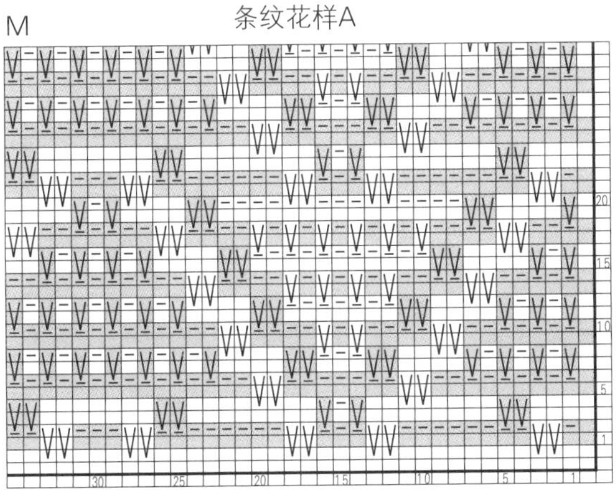

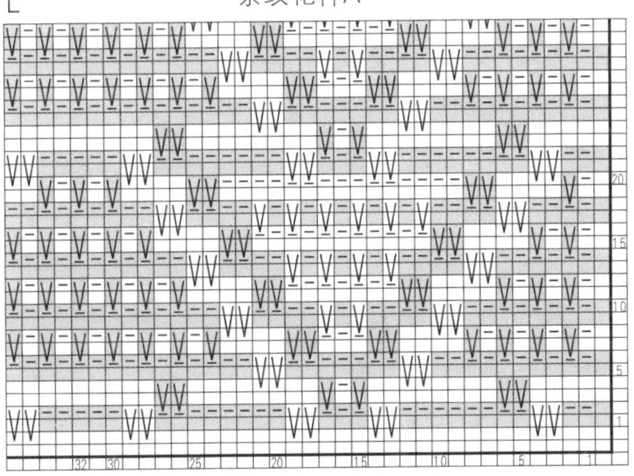

※两端均做下针编织

G → p.11

滑针花样露指手套

【材料和工具】

线…和麻纳卡 Sonomono Alpaca Wool（中粗） 炭灰色（65）60g、原白色（61） 40g

针…棒针6号

【成品尺寸】

手掌围24.5cm，长29.5cm

【编织密度】

10cm×10cm面积内：条纹花样A 22.5针，44行；条纹花样B 23针，36行

【编织要点】

○左手手指挂线起针后开始编织12行双罗纹针。接着按条纹花样A编织，注意最后2行有变化。接着按条纹花样B和双罗纹针编织，编织终点做下针织下针、上针织上针的伏针收针。

○除拇指位置(★)以外，将两端做挑针缝合。

○拇指环形编织8行双罗纹针，编织终点做下针织下针、上针织上针的伏针收针。

○右手按左手相同要领编织，注意双罗纹针的减针位置对称编织。

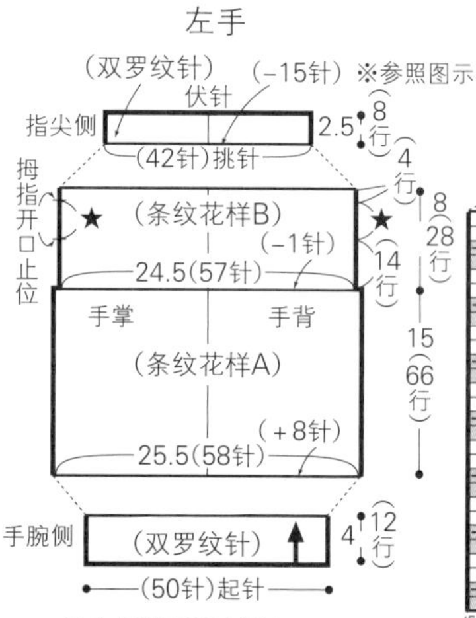

※全部使用6号针编织

※右手在减针位置对称编织

※除指定以外均用炭灰色线编织

★=10行 拇指位置

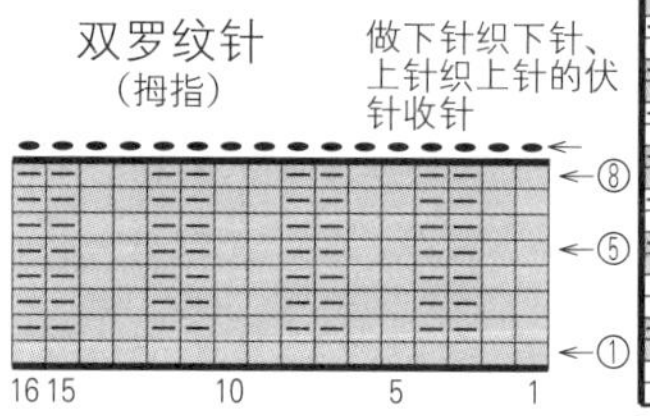

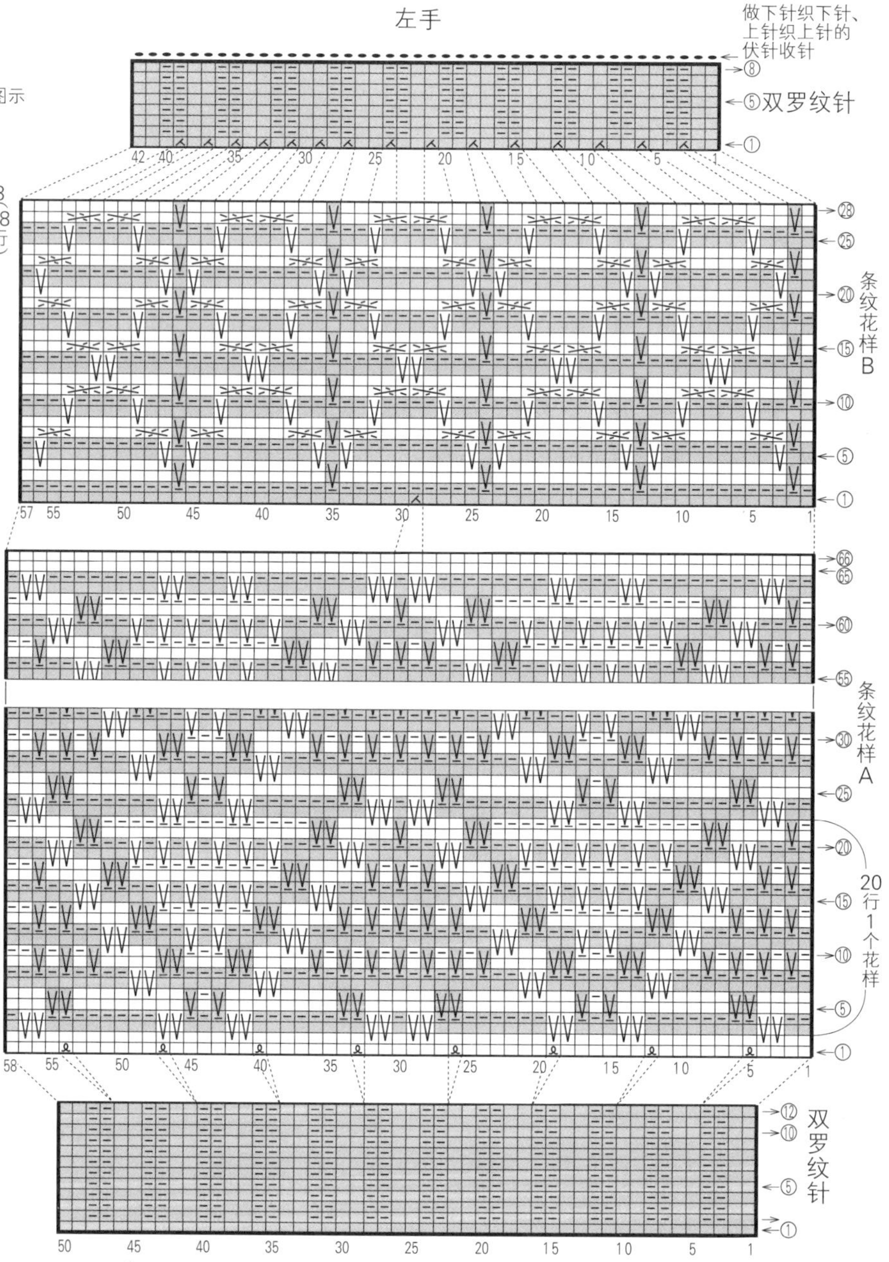

□=□ 下针

⊟=上针

Ω=扭针加针

⋌=左上2针并1针

⋈=左上1针与2针的交叉

⋈=右上1针与2针的交叉

V=滑针(2行)

V̲=上针的滑针(2行)

配色 { ▩=炭灰色 □=原白色

H → p.12
交叉门襟两穿背心

【材料和工具】
线…芭贝 Alba 米色（1087）215g、深红色（1170）110g
针…棒针6号
其他…直径20mm的纽扣8颗

【成品尺寸】
肩宽41cm，衣长55.5cm

【编织密度】
10cm×10cm面积内：下针编织23针，30行

【编织要点】
○手指挂线起针后开始按编织花样A编织22行。接着按图示做编织花样A、B和下针编织。领窝减3针及以上时做伏针减针，减1针和2针时参照图示。左前身片一边编织一边在指定位置留出扣眼，左前身片则在对应位置缝上纽扣。斜肩做引返编织。
○肩部做盖针接合。衣领编织边缘，编织终点做下针织下针、上针织上针的伏针收针。最后在后身片指定位置缝上纽扣。

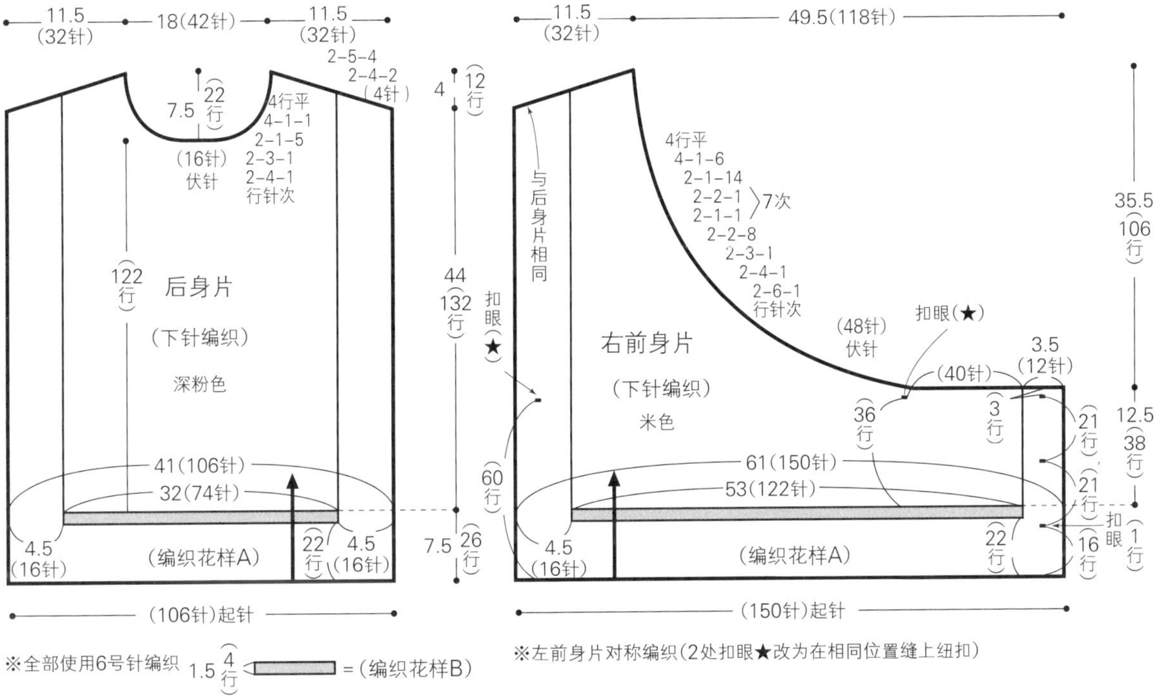

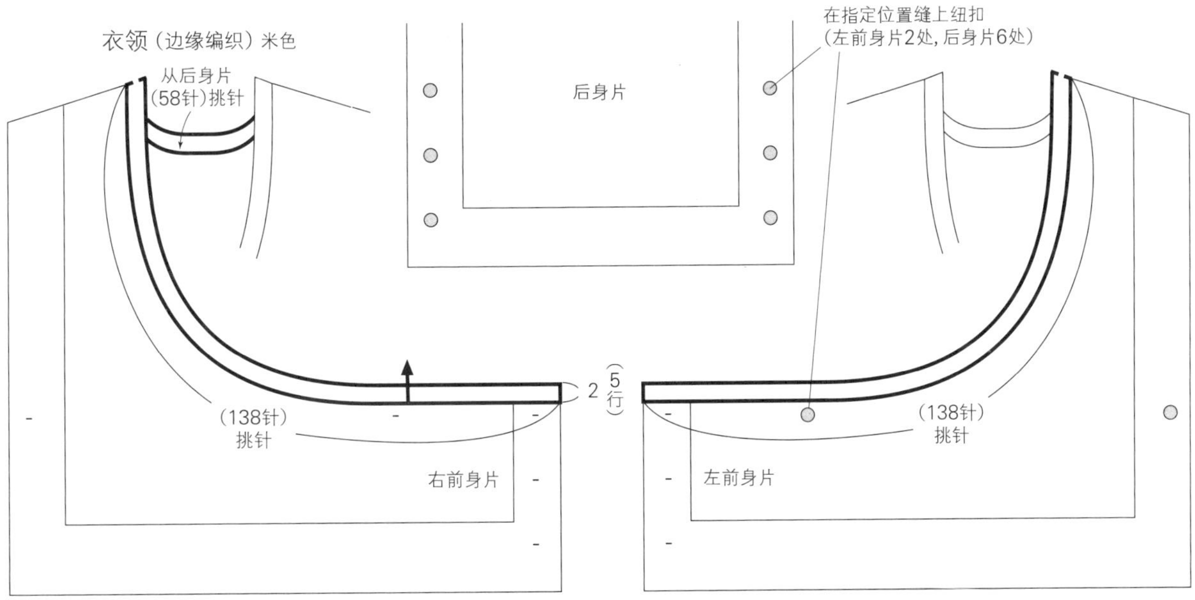

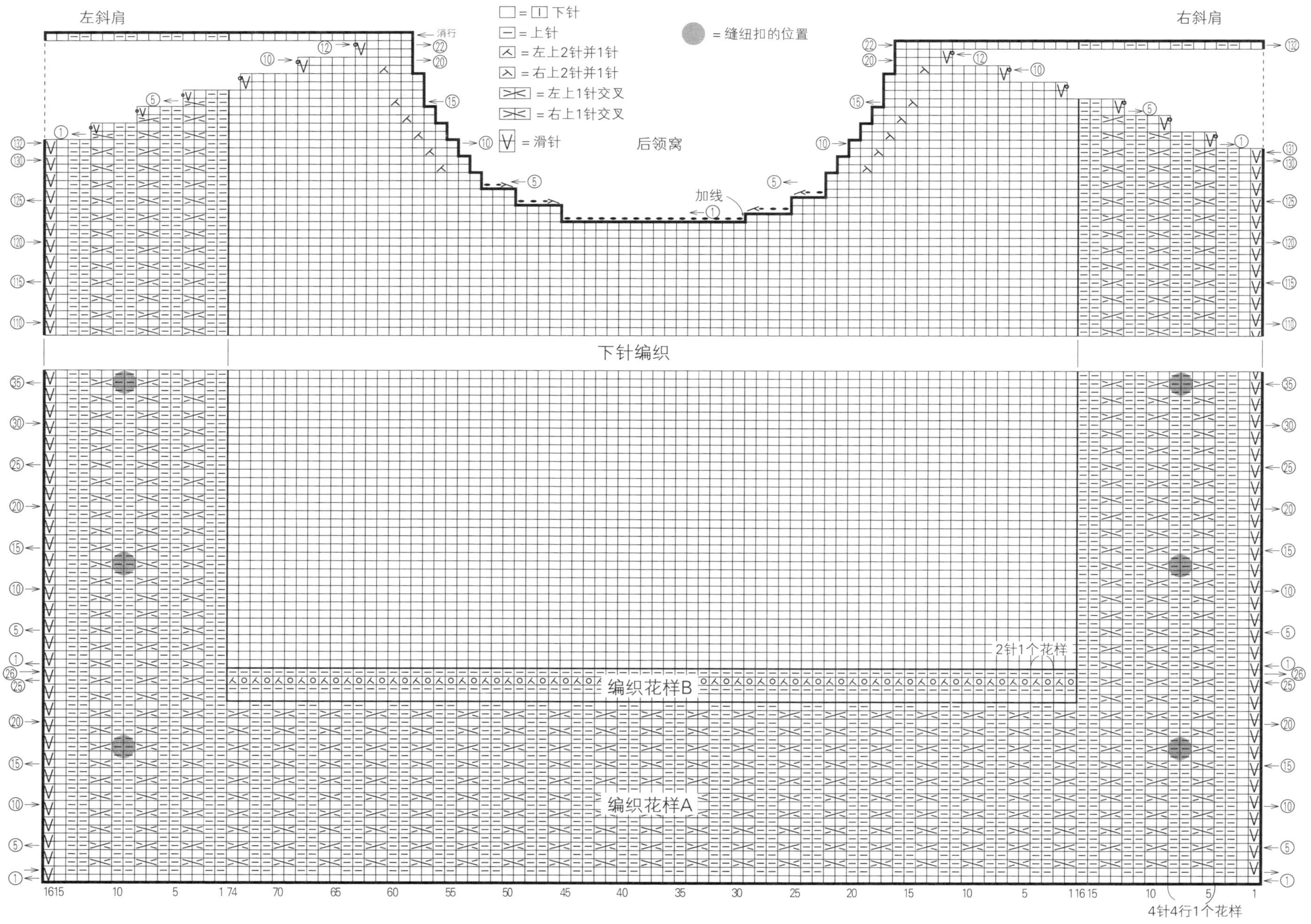

左斜肩
右斜肩
□ = □ 下针
– = 上针
= 左上2针并1针
= 右上2针并1针
= 左上1针交叉
= 右上1针交叉
V = 滑针
= 缝纽扣的位置
后领窝
消行
加线
下针编织
2针1个花样
编织花样B
编织花样A
4针4行1个花样

边缘编织
（衣领）

□ = ⊡ 下针
⊟ = 上针
⊠ = 左上2针并1针
⊠ = 上针的左上2针并1针
⊠ = 左上1针交叉
⊠ = 右上1针交叉
Ⓥ = 滑针

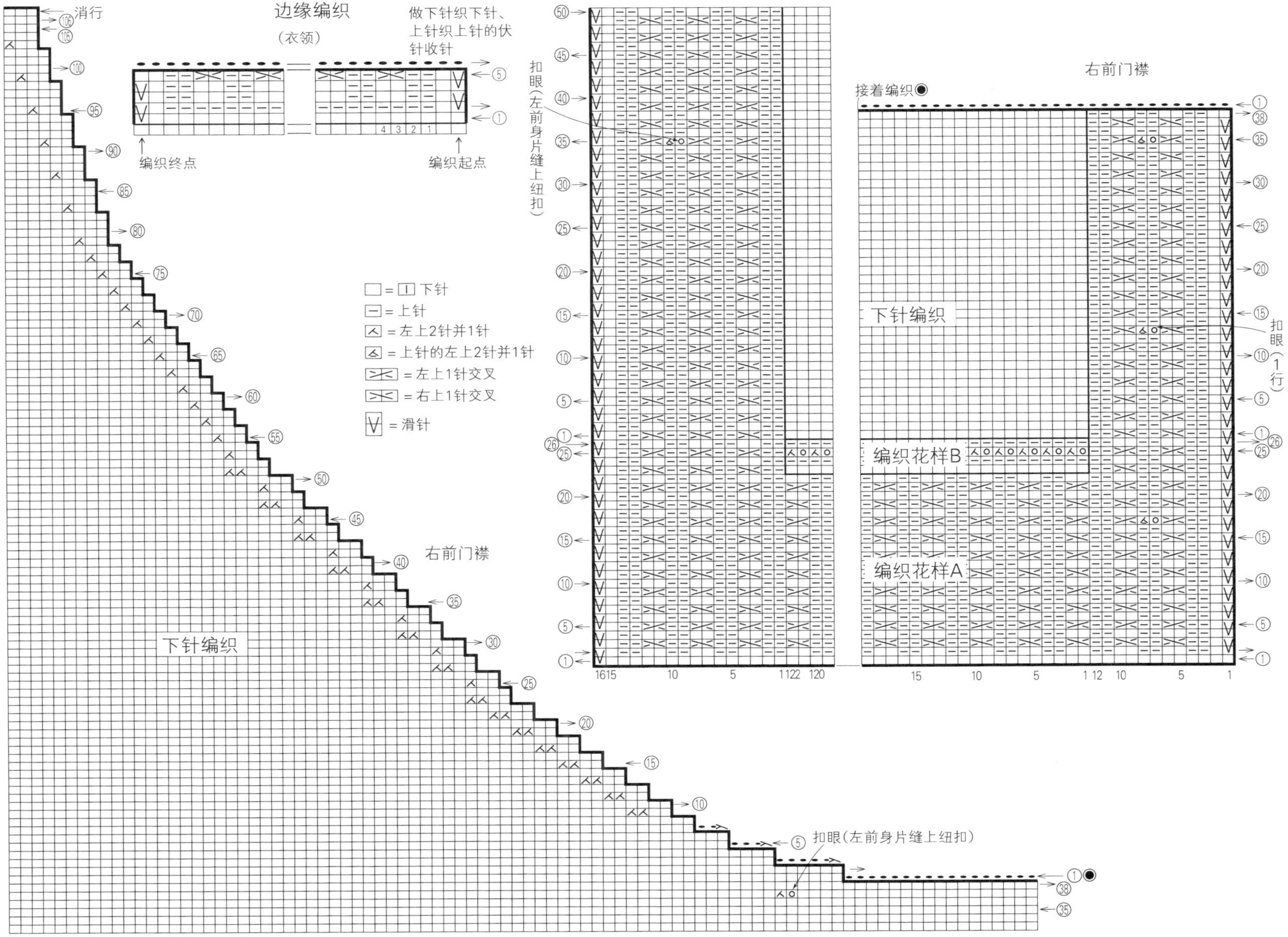

K → p.17
针织帽

【材料和工具】
线…达摩手编线 Chipspiral 海军蓝色夹花（5）80g
针…棒针12号

【成品尺寸】
头围52cm，深27cm

【编织密度】
10cm×10cm面积内：编织花样19针，21.5行

【编织要点】
〇手指挂线起针后连接成环形，编织10行扭针的单罗纹针。接着按编织花样编织，在第1行加针。编织36行后，一边分散减针一边继续编织12行。
〇在剩下的针目里分2次穿线后收紧。

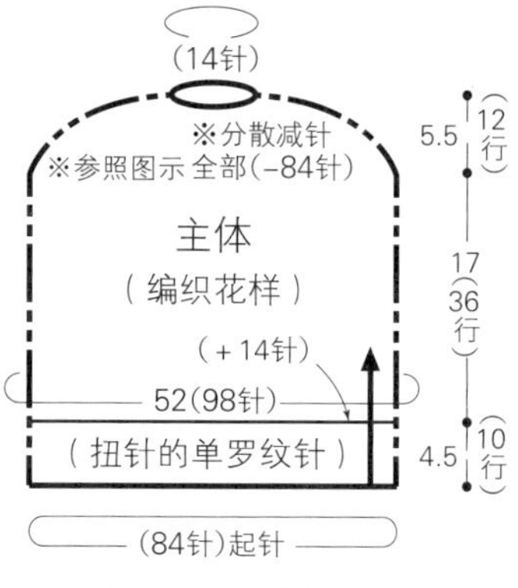

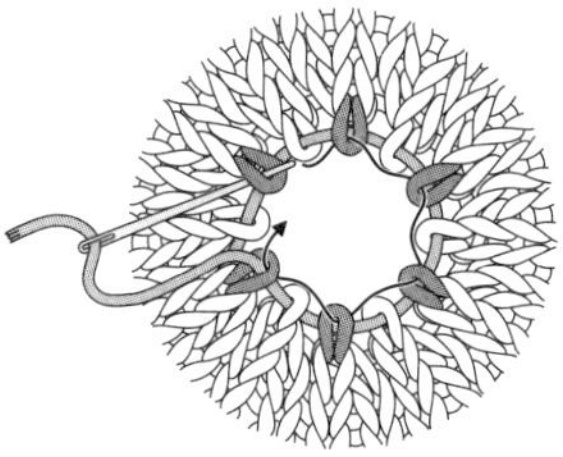

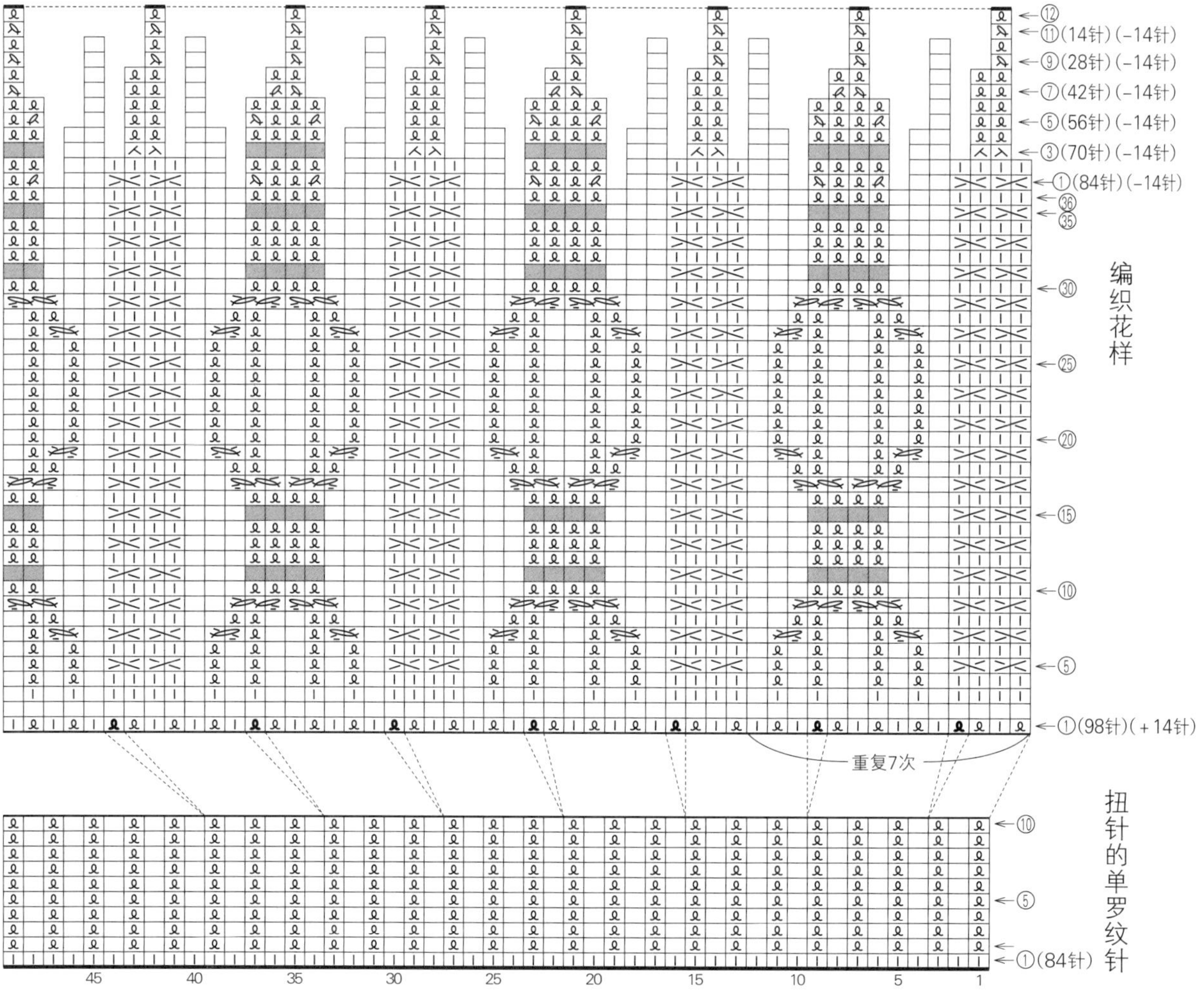

□＝⊟ 上针
Ⅰ＝下针
扭针
扭针加针
扭针的左上2针并1针
扭针的右上2针并1针
＝左上1针交叉
＝右上1针交叉
＝左上扭针的1针交叉（下方为上针）
＝右上扭针的1针交叉（下方为上针）
＝左上2针扭针与1针的交叉（下方为上针）
＝右上2针扭针与1针的交叉（下方为上针）
＝右上扭针的2针交叉（上下均为扭针）

I

→ p.14

马甲

【材料和工具】
线…达摩手编线　Chipspiral　棕色夹花（3）470g
针…棒针12号
其他…直径23mm的纽扣5颗

【成品尺寸】
胸围117cm，衣长79cm，连肩袖长25.5cm

【编织密度】
10cm×10cm面积内：下针编织15针，21行；编织花样18.5针，21行

【编织要点】
◯手指挂线起针后开始编织6行起伏针。接着按下针和起伏针编织，注意前、后身片的行数不同。再编织2行起伏针后休针。将右前身片、后身片、左前身片连起来做起伏针、下针编织和编织花样，注意后身片两端的3针重叠在前身片两端的3针下面，在2层针目里一起挑针编织。从袖窿开始，分成右前身片、后身片、左前身片编织。袖窿、领窝减2针及以上时做伏针减针，减1针时立起侧边2针减针。斜肩做引返编织。
◯肩部做盖针接合。衣领编织起伏针，编织终点从反面做伏针收针。最后在左前身片缝上纽扣。

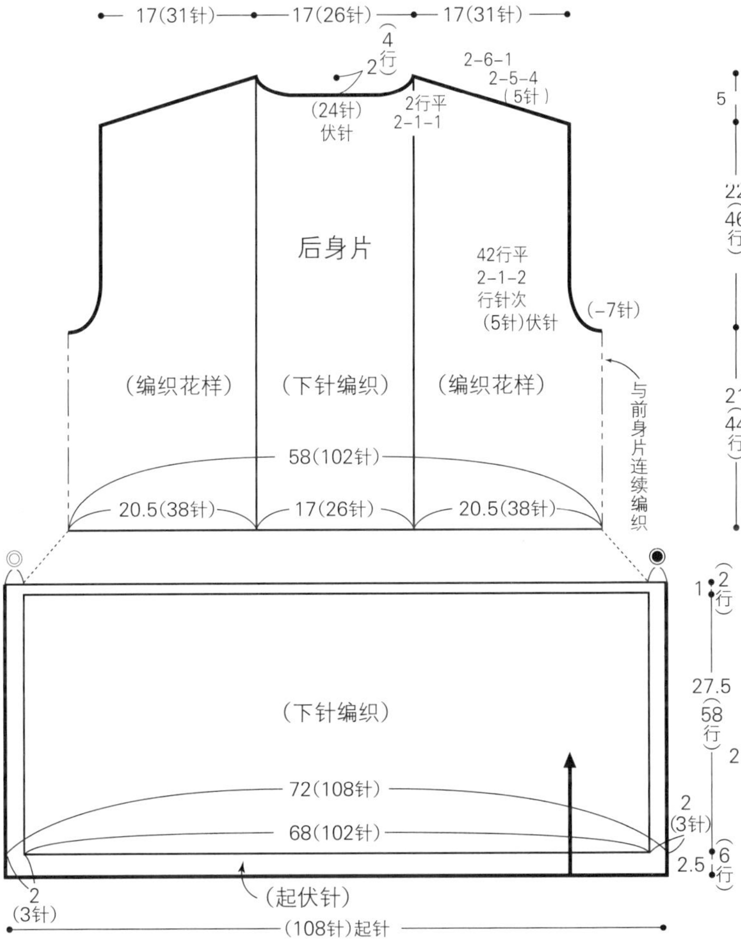

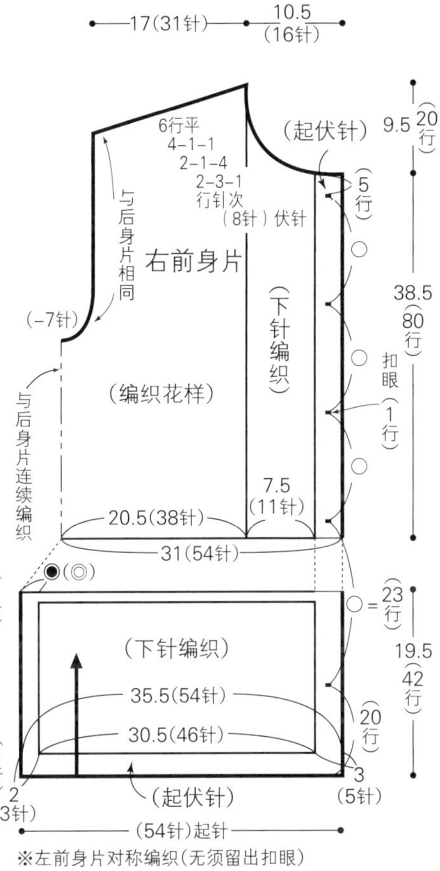

※左前身片对称编织（无须留出扣眼）
※（ ）内标记为左前身片的对齐标记

※全部使用12号针编织
◉、◎＝将前身片重叠在前面，在2层针目里一起挑针

衣领（起伏针）

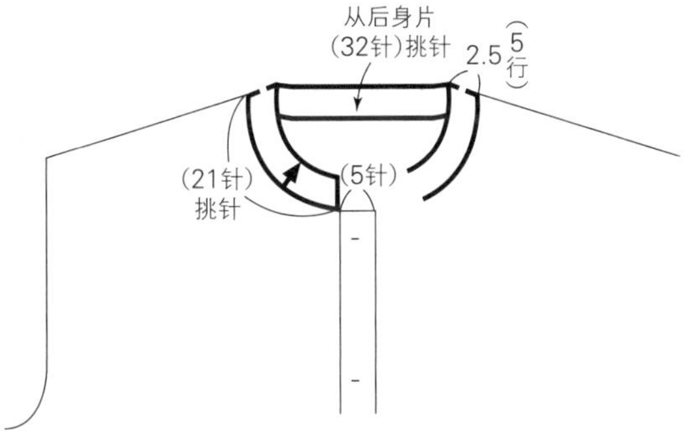

起伏针（衣领）

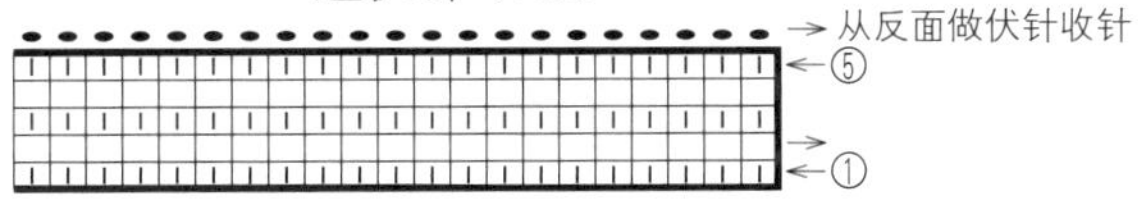

□＝⊟ 上针
⏐＝下针

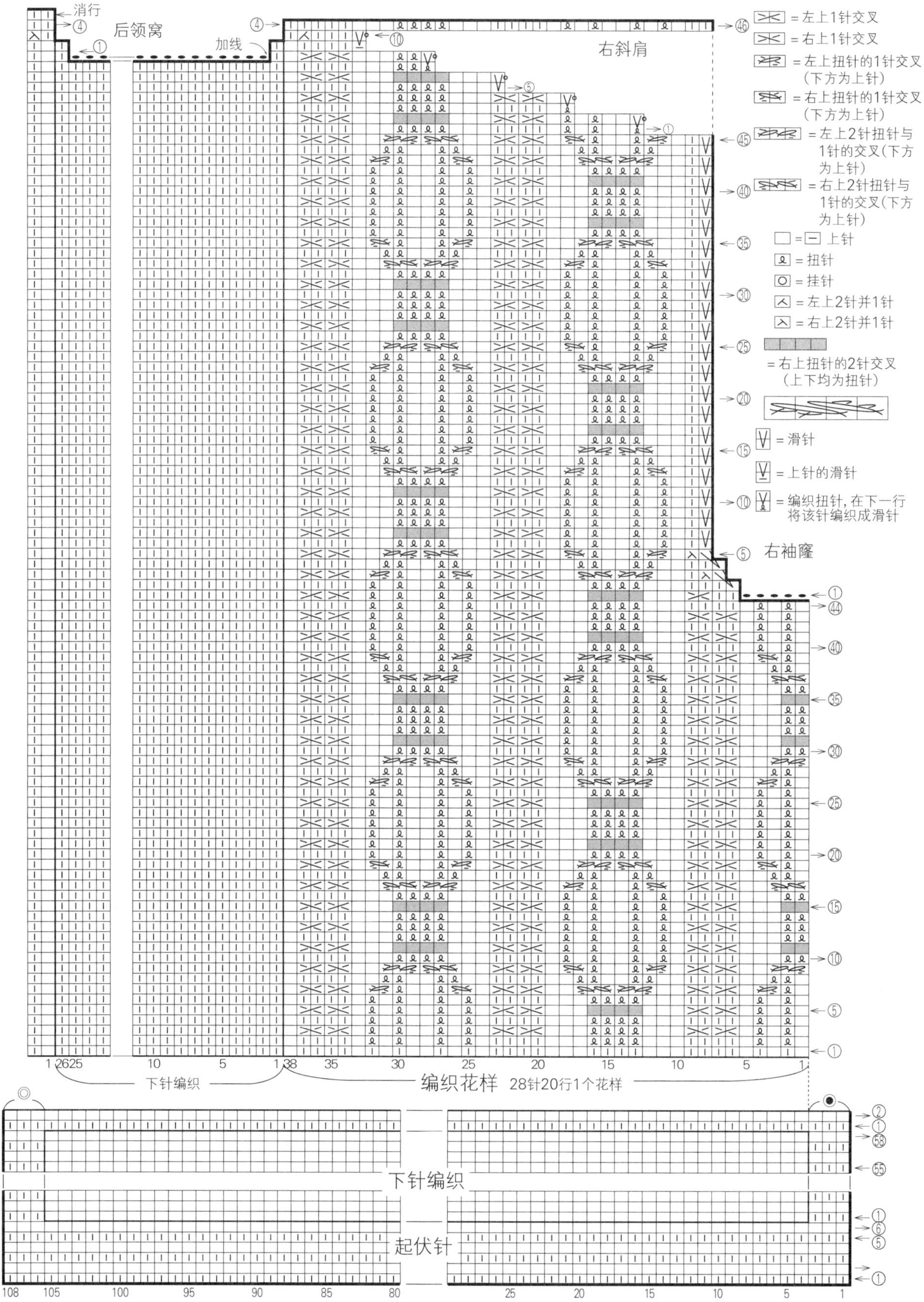
消行
后领窝
加线
右斜肩
右袖窿
= 左上1针交叉
= 右上1针交叉
= 左上扭针的1针交叉（下方为上针）
= 右上扭针的1针交叉（下方为上针）
= 左上2针扭针与1针的交叉（下方为上针）
= 右上2针扭针与1针的交叉（下方为上针）
= 上针
= 扭针
= 挂针
= 左上2针并1针
= 右上2针并1针
= 右上扭针的2针交叉（上下均为扭针）
= 滑针
= 上针的滑针
= 编织扭针，在下一行将该针编织成滑针
下针编织
编织花样 28针20行1个花样
下针编织
起伏针

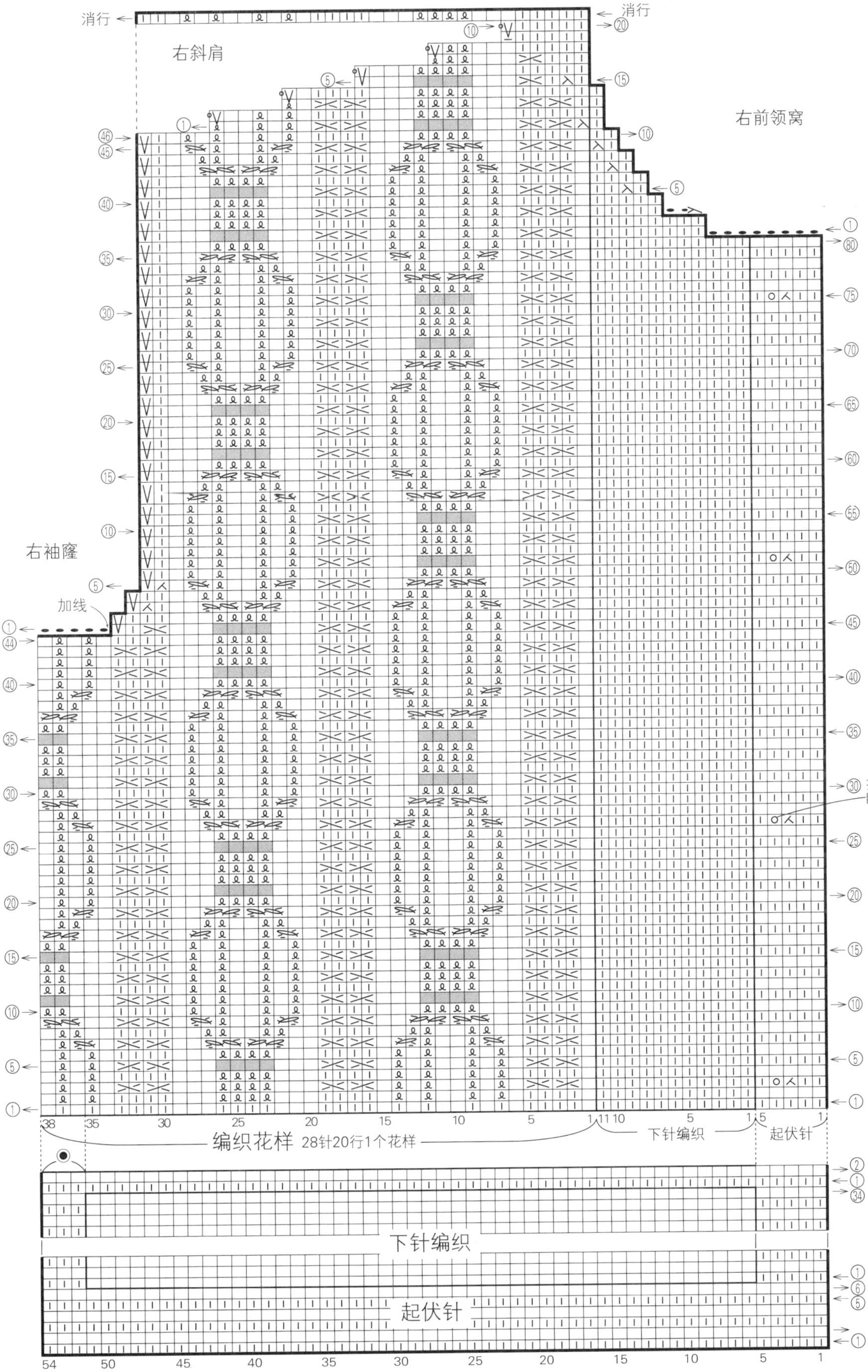

※袖窿的伏针是前后连起来编织（10针）伏针

J 波纹开衫

→ p.16

【材料和工具】
线…芭贝　Queen Anny　藏青色（827）M：250g　L：265g，象牙白色（880）M：110g　L：120g，蓝绿色（951）M：85g　L：90g
针…棒针7号、6号、5号、4号
其他…直径20mm的纽扣6颗

【成品尺寸】
M：胸围97.5cm，衣长60.5cm，连肩袖长30.5cm
L：胸围103.5cm，衣长61cm，连肩袖长32cm

【编织密度】
10cm×10cm面积内：下针编织20针，28.5行；配色花样24针，25行

【编织要点】
◯手指挂线起针后开始编织22行单罗纹针条纹。接着，后身片做下针编织，前身片做配色花样和下针编织。配色花样是用横向渡线的方法编织。胁部加1针时在1针内侧做扭针加针，加2针时做卷针加针。领窝减2针及以上时做伏针减针，减1针时在边针与第2针里编织2针并1针。前身片的编织终点做休针处理。
◯肩部做盖针接合，胁部做挑针缝合。袖口一边调整编织密度一边环形编织单罗纹针，编织终点做伏针收针。前门襟和衣领手指挂线起针后一边编织单罗纹针一边留出扣眼。编织终点与袖口一样收针，然后与身片前端、后领窝做挑针缝合以及针与行的接合。最后在左前身片缝上纽扣。

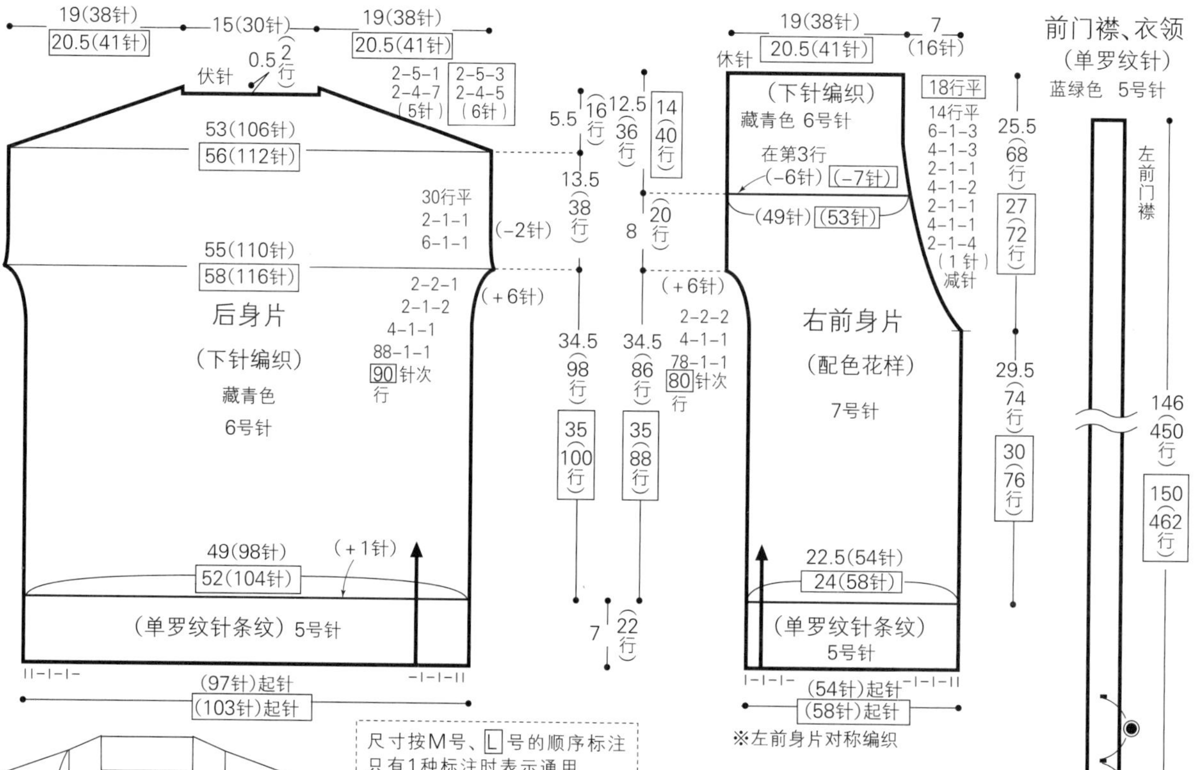

尺寸按M号、L号的顺序标注
只有1种标注时表示通用

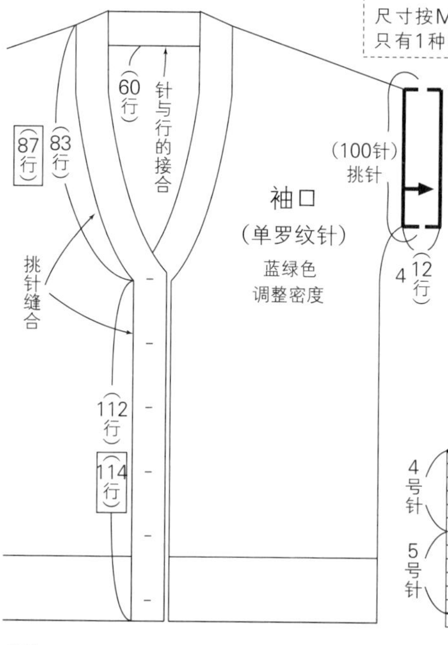

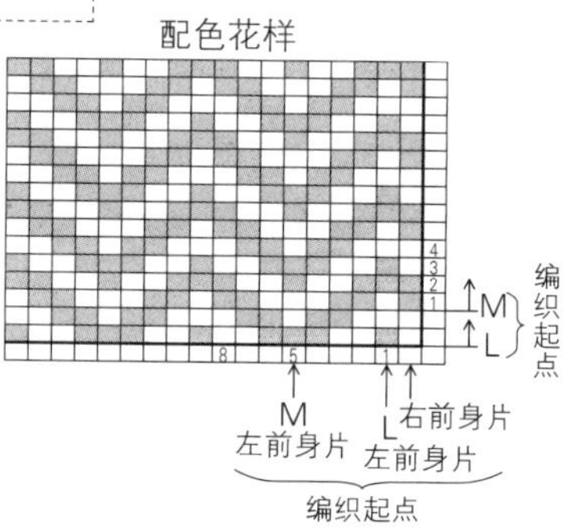

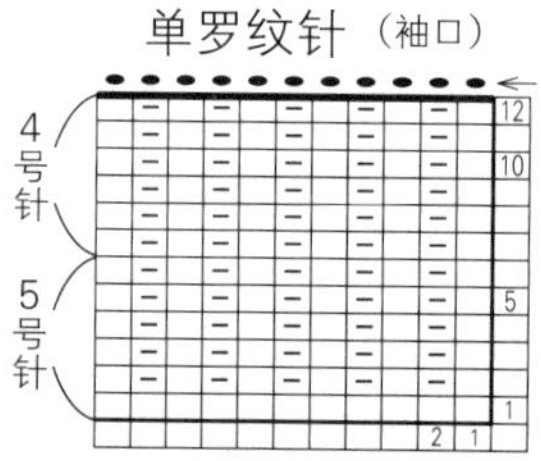

□＝□ 下针
⊟＝上针
配色 □＝象牙白色　▨＝蓝绿色

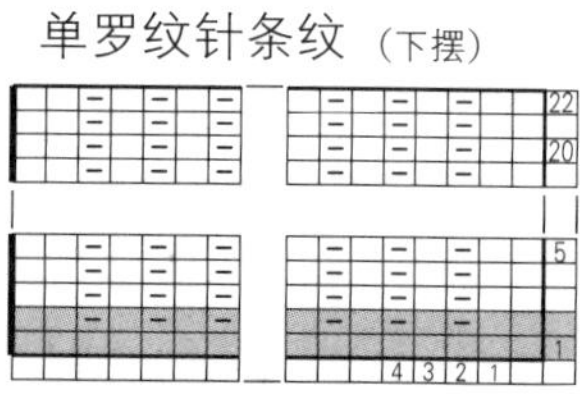

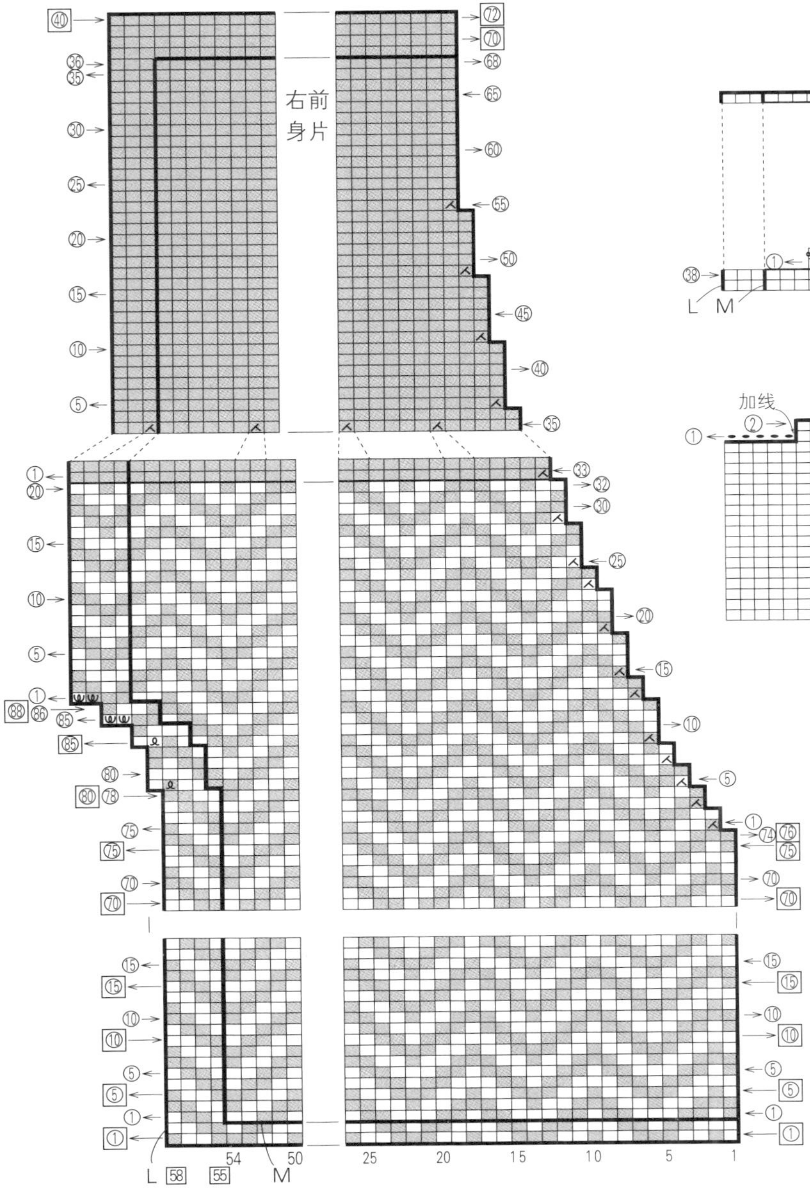

左斜肩

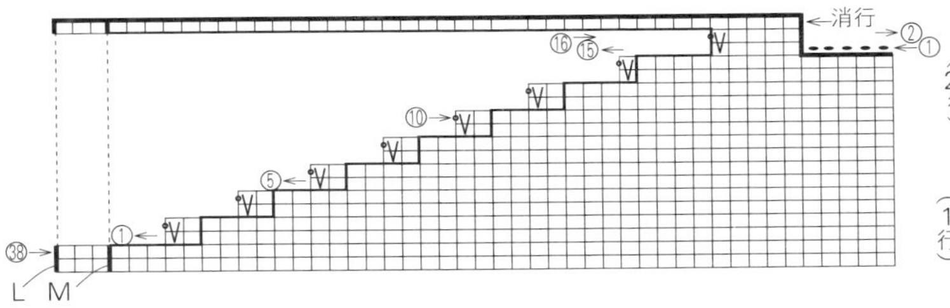

右斜肩

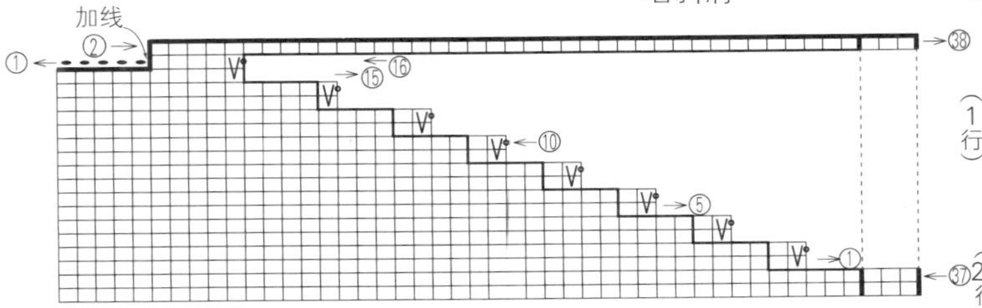

单罗纹针
（前门襟、衣领）

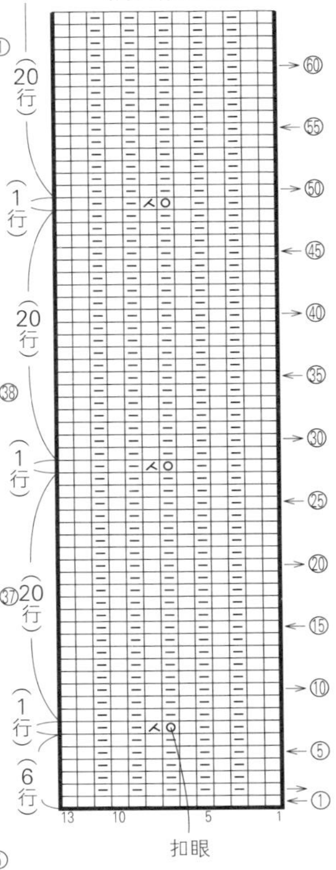

后身片

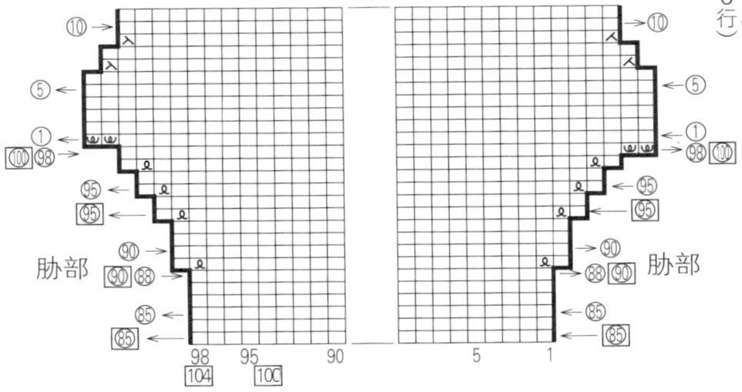

配色 { ▒ = 藏青色 / □ = 象牙白色 }

□ 为L号的标注

- □ = ⎕ 下针
- ⊟ = 上针
- ⓤ = 卷针加针
- ⓠ = 扭针加针
- ⋏ = 左上2针并1针
- ⋏ = 右上2针并1针
- ○ = 挂针

L 宽松的阿兰花样背心

→ p.18

【材料和工具】
线…和麻纳卡 Sonomono Alpaca Wool 灰色（45）M：610g
L：660g
针…棒针10号、8号

【成品尺寸】
M：胸围116cm，衣长66cm，连肩袖长32cm
L：胸围126cm，衣长66cm，连肩袖长34.5cm

【编织密度】
10cm×10cm面积内：下针编织15针，21行；编织花样21针，21行

【编织要点】
○手指挂线起针后开始编织18行双罗纹针。接着做下针编织和编织花样。在袖口开口止位做好标记。领窝的中心部分做休针处理，减2针及以上时做伏针减针，减1针时立起侧边1针减针。
○肩部做盖针接合。袖口往返编织双罗纹针，衣领环形编织双罗纹针。编织终点做下针织下针、上针织上针的伏针收针。胁部、袖口下端做挑针缝合。

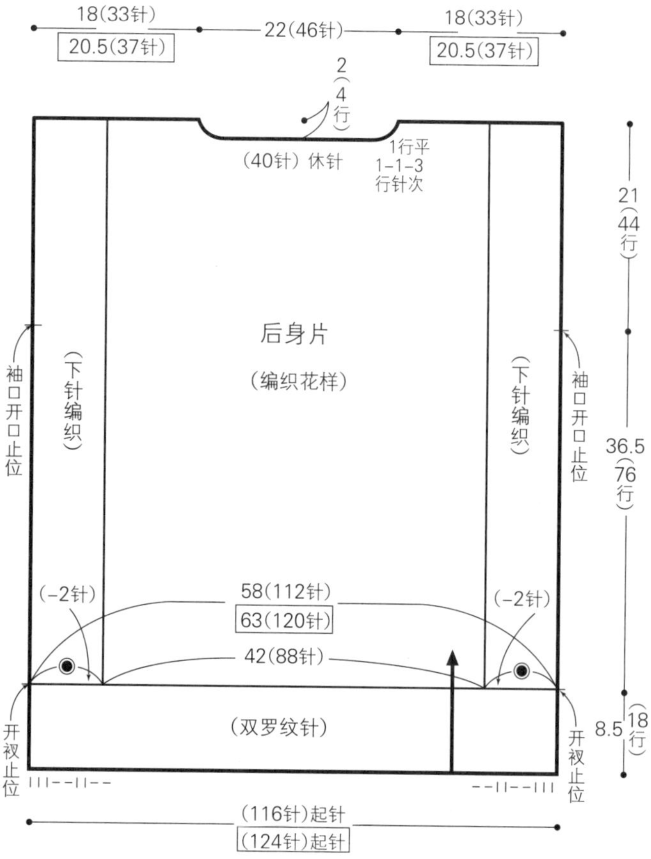

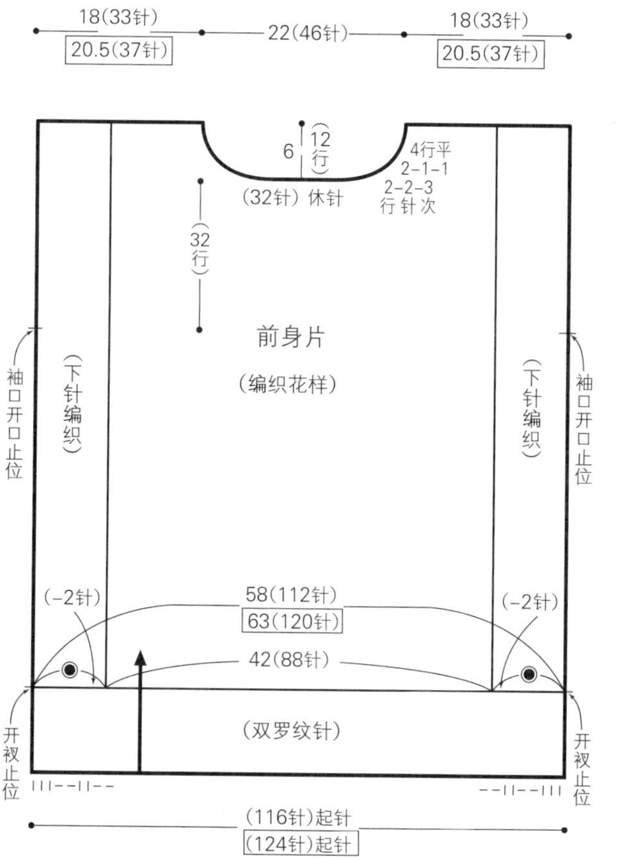

※除指定以外均用10号针编织

◉= 8(12针) / 10.5(16针)

尺寸按M号、L号的顺序标注
只有1种标注时表示通用

衣领、袖口（双罗纹针） 8号针

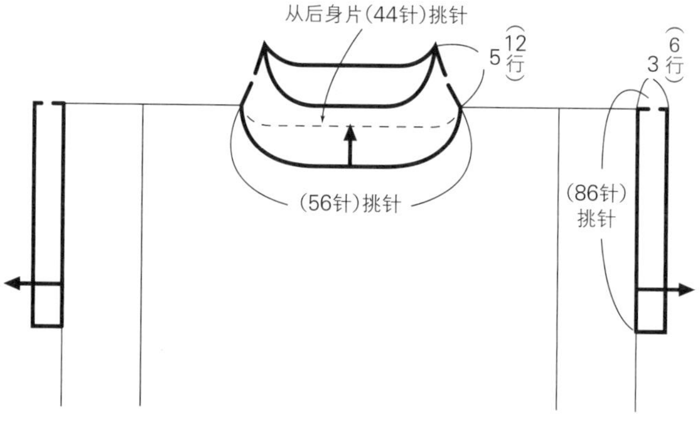

编织花样

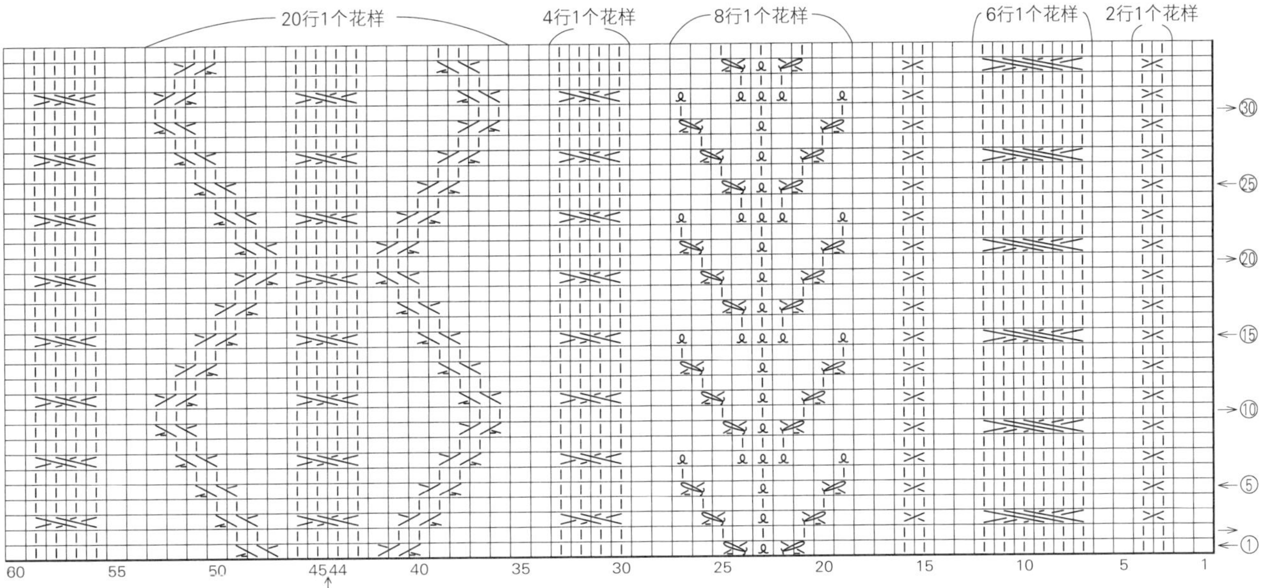

※左右对称排列花样

□ = ⊟ 上针
Ⅰ = 下针
ℓ = 扭针
= 左上1针交叉
= 左上扭针的1针交叉（下方为上针）
= 右上扭针的1针交叉（下方为上针）
= 右上2针交叉
= 右上3针交叉
= 左上2针与1针的交叉（下方为上针）
= 右上2针与1针的交叉（下方为上针）

双罗纹针（下摆）

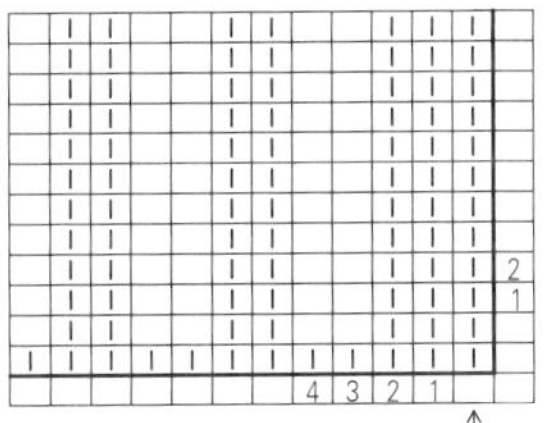

□ = ⊟ 上针

双罗纹针（衣领）

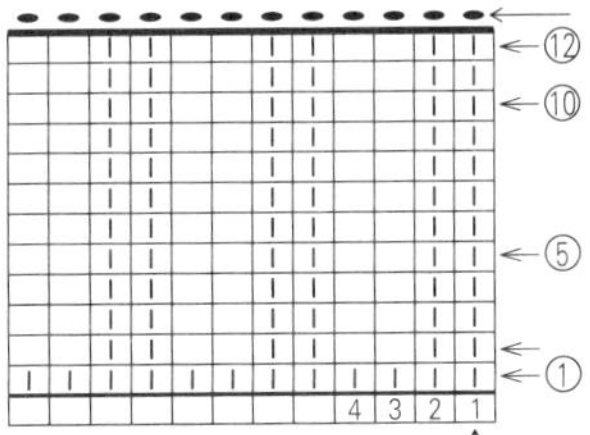

□ = ⊟ 上针

双罗纹针（袖口）

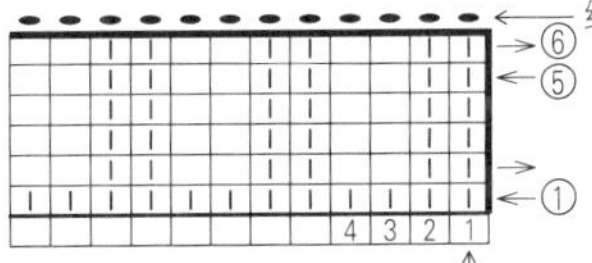

□ = ⊟ 上针

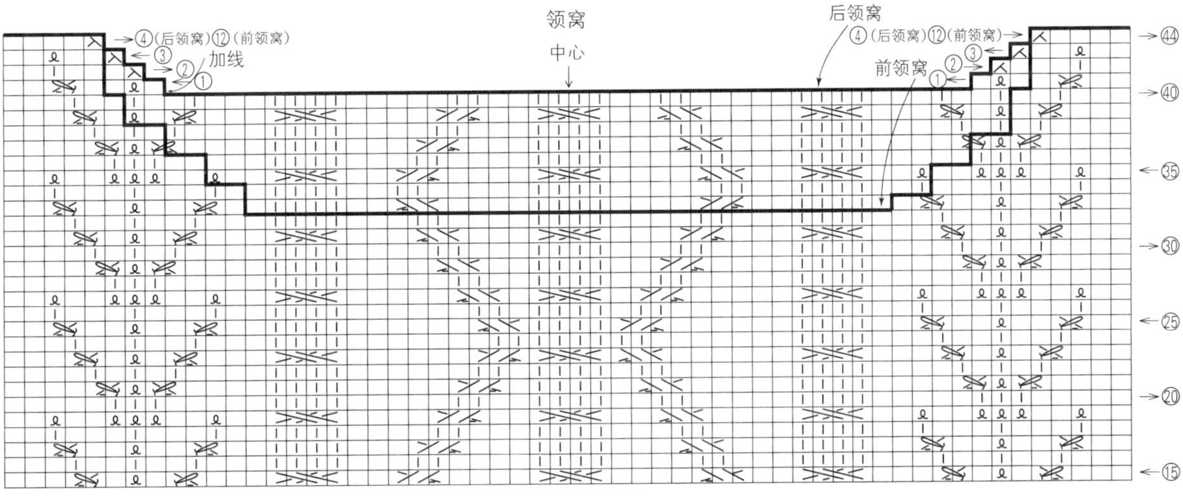

□ = ⊟ 上针　⋏ = 左上2针并1针　⋏ = 右上2针并1针

※减针的符号图为后领窝。前领窝减2针及以上时做伏针减针，减1针时按后领窝相同要领减针。

交叉针的不完整部分按下针编织

M → p.19 阿兰花样高领背心

【材料和工具】

线…和麻纳卡 Exceed Wool L（中粗） 黄绿色（856）M：380g L：420g

针…棒针8号

【成品尺寸】

M：胸围96cm，肩宽38cm，衣长59cm

L：胸围106cm，肩宽41cm，衣长60.5cm

【编织密度】

10cm×10cm面积内：下针编织20针，27行；编织花样25针，27行

【编织要点】

◯手指挂线起针，后身片编织24行双罗纹针，前身片编织14行双罗纹针。接着，后身片做下针编织，前身片做下针编织和编织花样。袖窿、领窝减2针及以上时做伏针减针，减1针时立起侧边1针减针。

◯肩部根据后身片的针数一边在前身片减针一边做盖针接合，胁部做挑针缝合。衣领、袖窿挑取指定针数后环形编织双罗纹针。编织终点做下针织下针、上针织上针的伏针收针。衣领松松地做伏针收针。

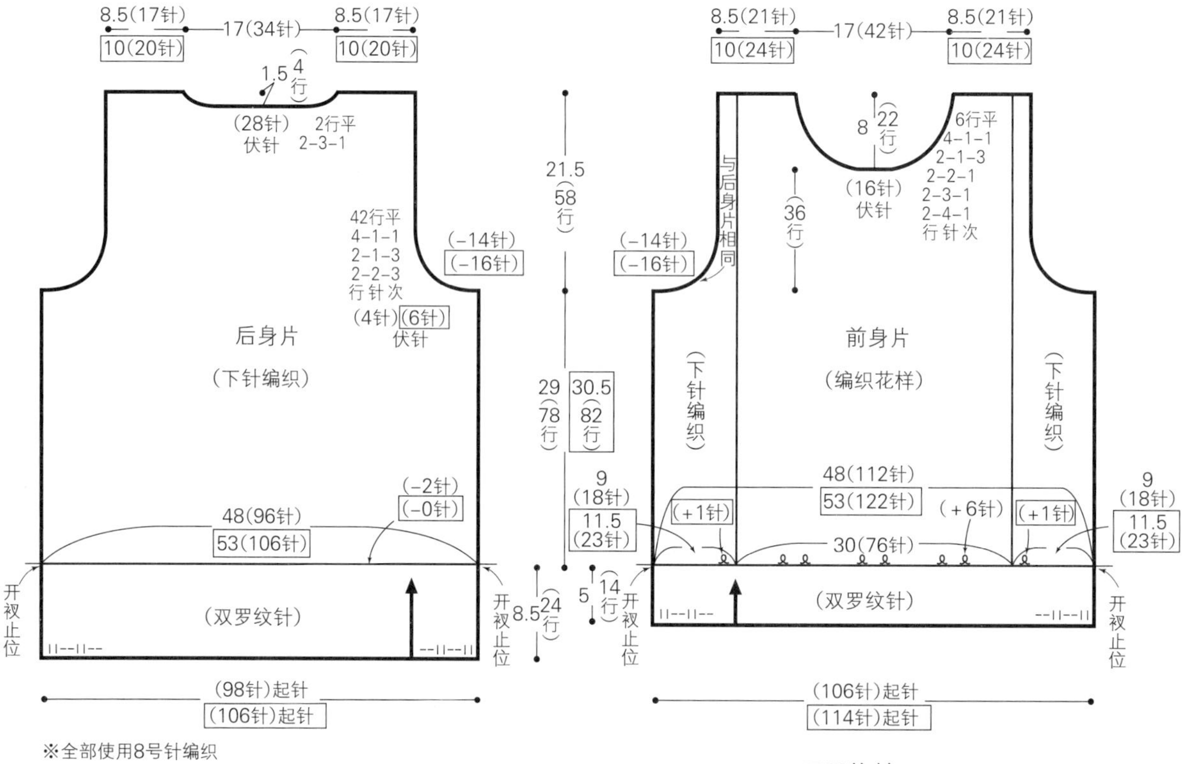

※全部使用8号针编织

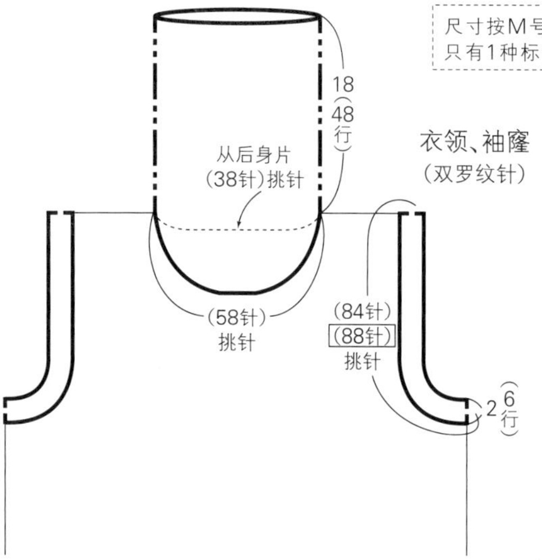

衣领、袖窿
（双罗纹针）

尺寸按M号、L号的顺序标注
只有1种标注时表示通用

双罗纹针（下摆）

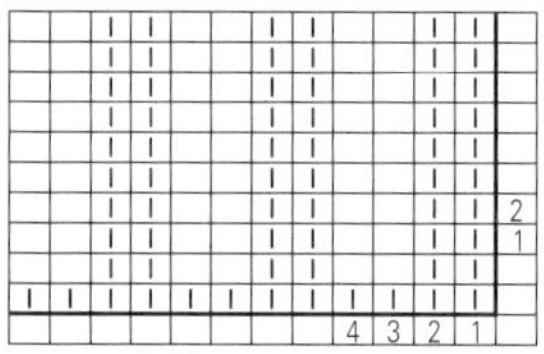

□=⊟上针
⊡=下针

双罗纹针（衣领）

做下针织下针、上针织上针的伏针收针

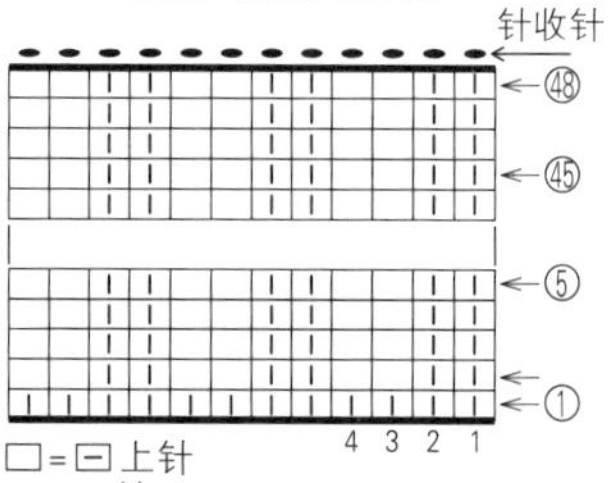

□=⊟上针
⊡=下针

双罗纹针（袖窿）

做下针织下针、上针织上针的伏针收针

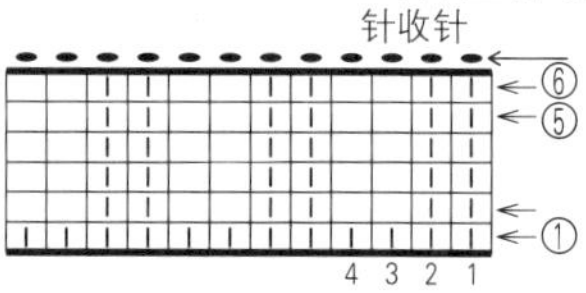

□=⊟上针
⊡=下针

后领窝

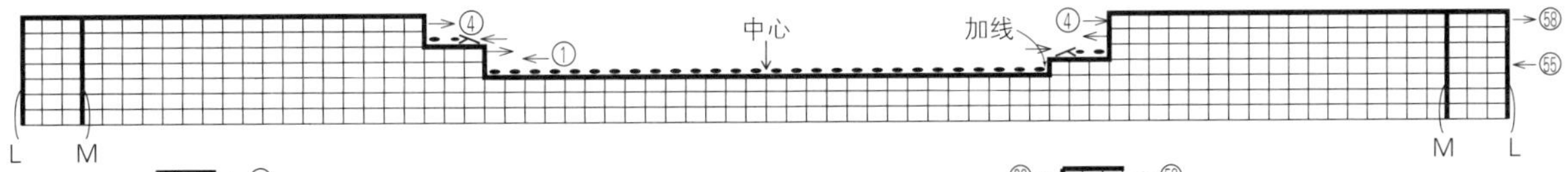

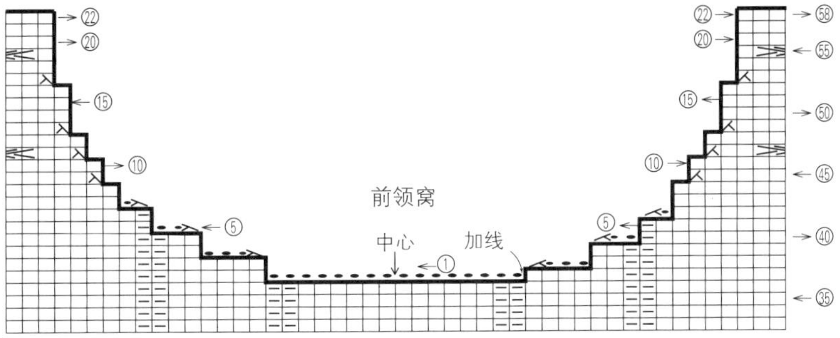

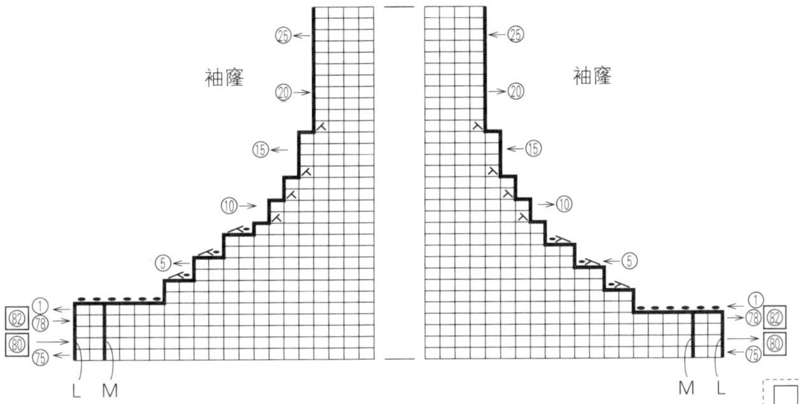

□ = 〔I〕 下针

〔−〕 = 上针

〔⋏〕 = 左上2针并1针

〔⋏〕 = 右上2针并1针

□ 为L号的标注

编织花样

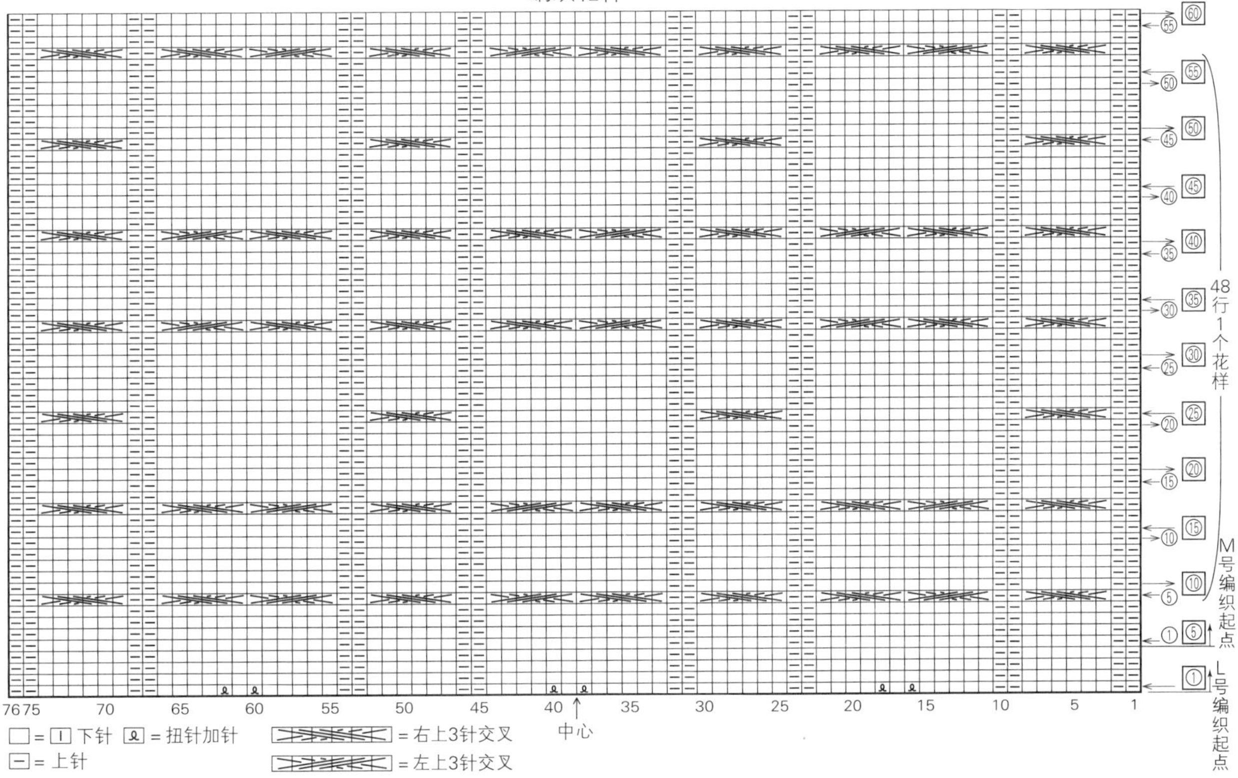

□ = 〔I〕 下针　〔ℓ〕 = 扭针加针

〔−〕 = 上针

= 右上3针交叉

= 左上3针交叉

N 马海毛背心

→ p.20

【材料和工具】

线…芭贝 Julika Mohair 灰粉色(302)M：125g L：140g

针…棒针10号

【成品尺寸】

M：胸围98cm，肩宽38cm，衣长51.5cm

L：胸围104cm，肩宽39cm，衣长53.5cm

【编织密度】

10cm×10cm面积内：编织花样14.5针，18行

【编织要点】

○手指挂线起针后开始做编织花样。袖窿、领窝参照图示减针。左右两侧分别从领窝的中心挑取1针。

○肩部做盖针接合，胁部做挑针缝合。

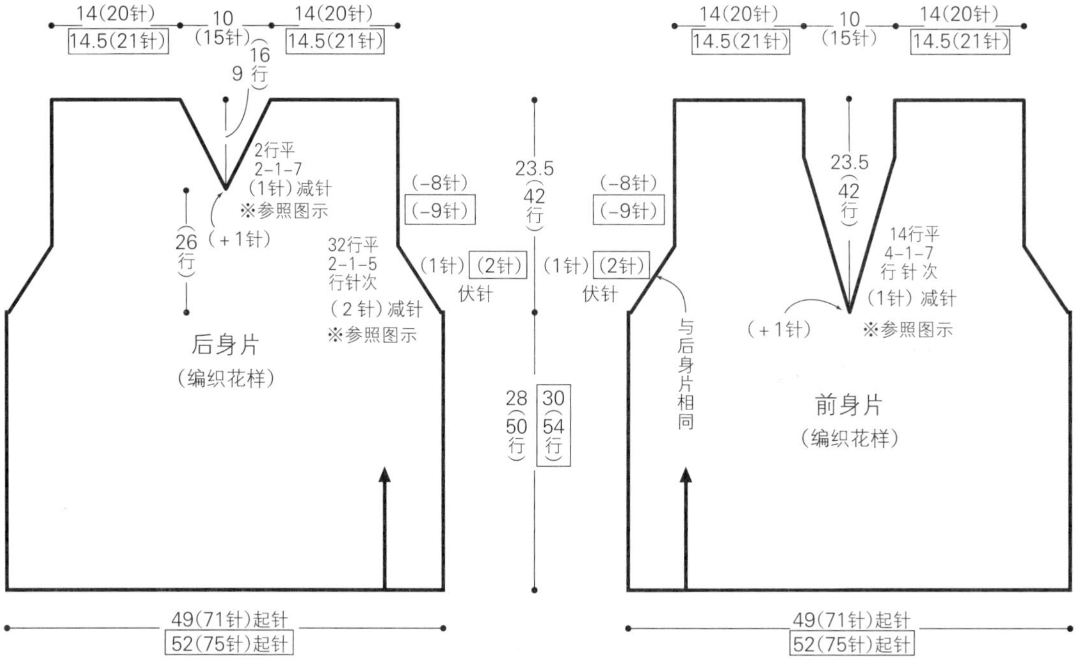

※全部使用10号针编织

编织花样

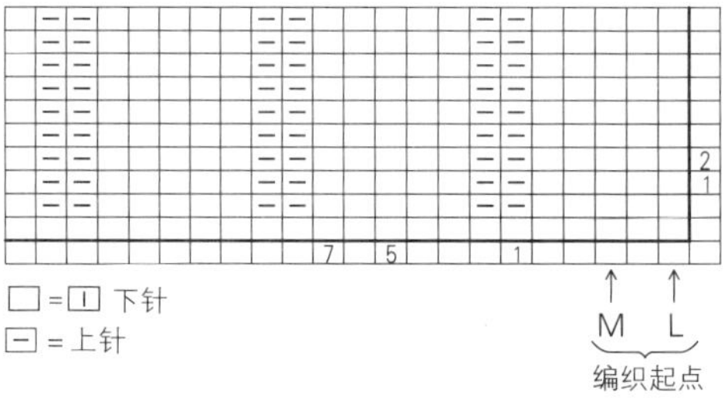

□=□ 下针

⊟=上针

尺寸按M号、L号的顺序标注
只有1种标注时表示通用

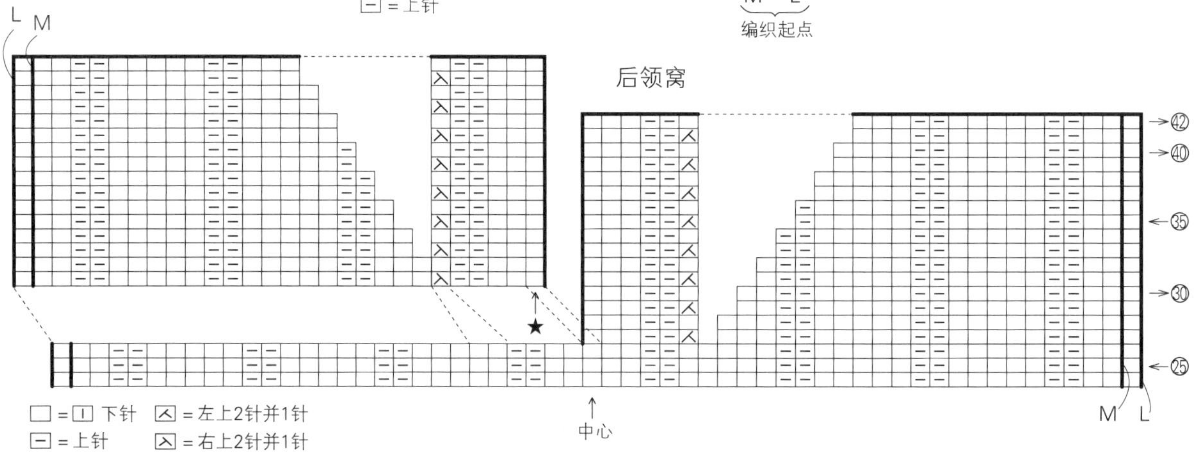

□=□ 下针 ⊼=左上2针并1针

⊟=上针 ⊼=右上2针并1针

★ =从中心的1针里再挑取1针

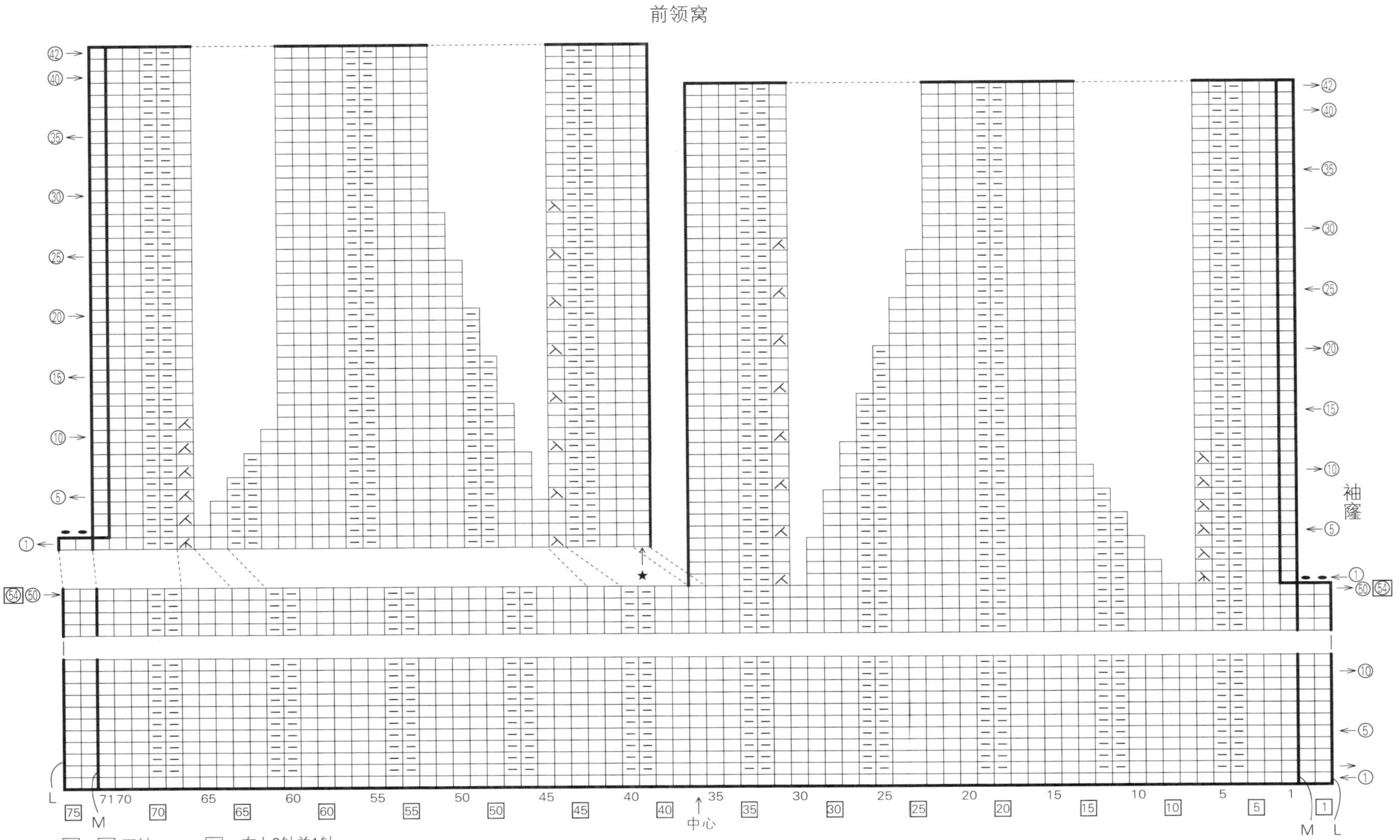

□ = ⊡ 下针
⊟ = 上针
⊼ = 右上3针并1针
⊼ = 左上3针并1针
⋏ = 右上2针并1针
⋏ = 左上2针并1针
★ = 从中心的1针里再挑取1针

※2针伏针为L号。M号编织1针伏针

□ 为L号的标注

O → p.21 船领夏季背心

→ p.21

【材料和工具】
线…芭贝 Pima Basic 水蓝色（603）M：140g L：165g
针…棒针5号、4号

【成品尺寸】
M：胸围90cm，肩宽35cm，衣长47.5cm
L：胸围96cm，肩宽37cm，衣长52cm

【编织密度】
10cm×10cm面积内：下针编织23针，30.5行

【编织要点】
○前、后身片编织相同的形状。手指挂线起针后开始编织6行起伏针，接着按图示做起伏针和下针编织。袖窿、领窝减2针及以上时做伏针减针，减1针时立起侧边1针减针。
○肩部做盖针接合，胁部做挑针缝合。衣领、袖窿挑取指定针数后环形编织4行起伏针，注意前后衣领的针数不同。编织终点做伏针收针。

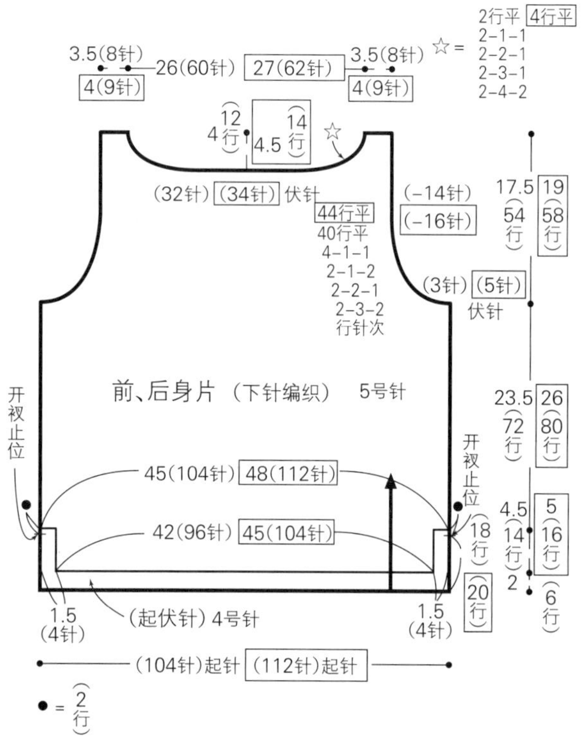

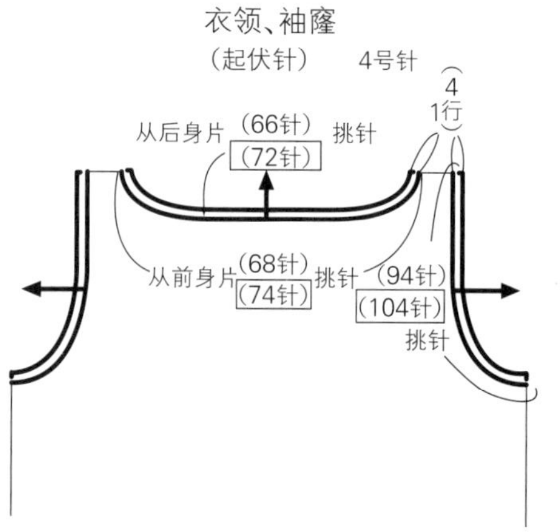

尺寸按M号、L号的顺序标注
只有1种标注时表示通用

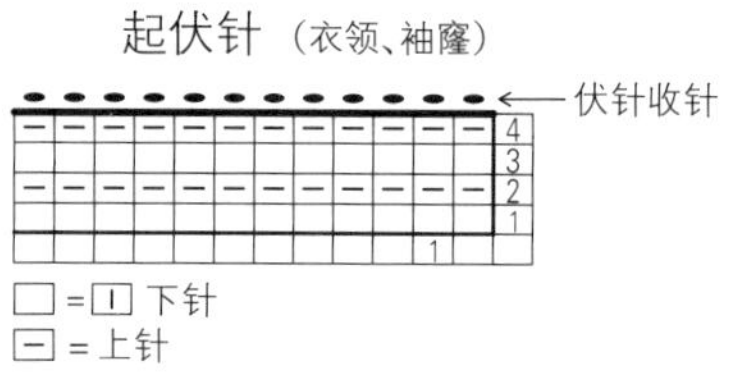

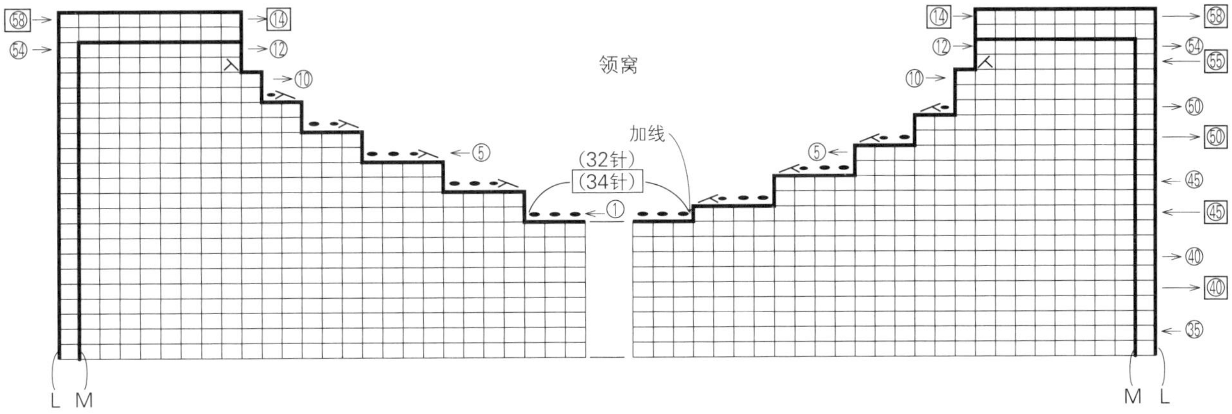

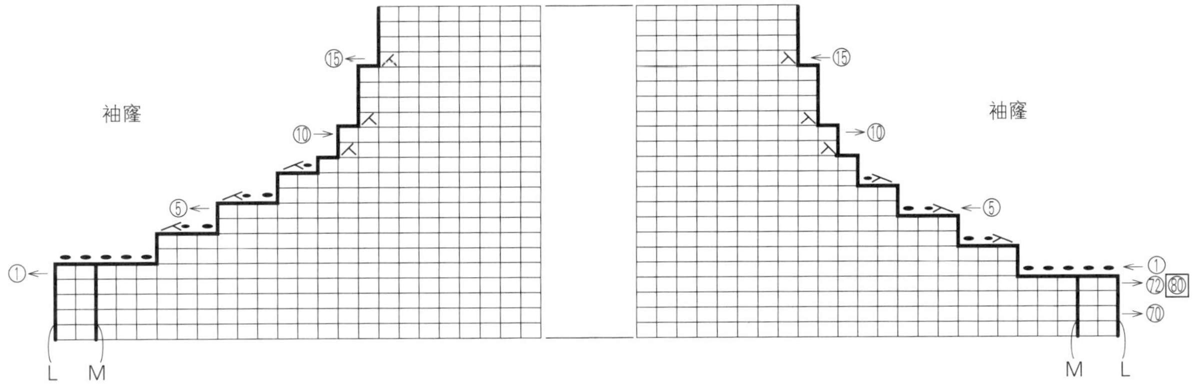

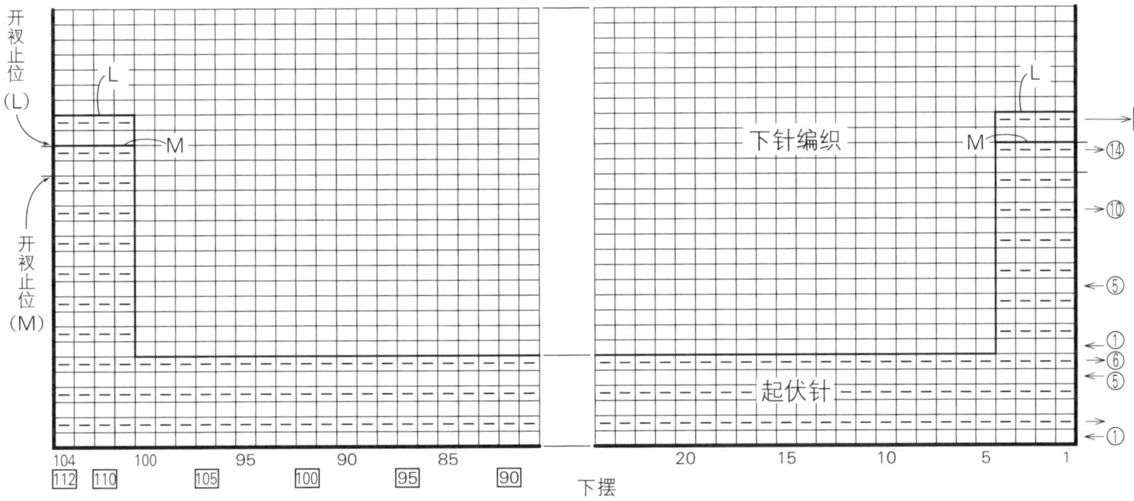

□ = ⊡ 下针

⊟ = 上针

⋏ = 左上2针并1针

⋏ = 右上2针并1针

□ 为L号的标注

P 网眼套头衫

→ p.22

【材料和工具】
线…芭贝 Cotton Kona 卡其绿色(73)M：225g L：260g
针…棒针6号、4号

【成品尺寸】
M：胸围104cm，衣长54cm，连肩袖长28.5cm
L：胸围112cm，衣长58cm，连肩袖长30.5cm

【编织密度】
10cm×10cm面积内：编织花样18针，32行

【编织要点】
○手指挂线起针后开始编织16行单罗纹针。接着按编织花样编织，注意在第1行加1针。在袖口开口止位做好标记。衣领参照图示编织单罗纹针，仅在领口部分的最后一行做下针织下针、上针织上针的伏针收针。
○肩部做盖针接合，肋部做挑针缝合。袖口环形编织单罗纹针，编织终点与领口部分一样收针。衣领开口止位用线头做卷针缝加固后处理好线头。

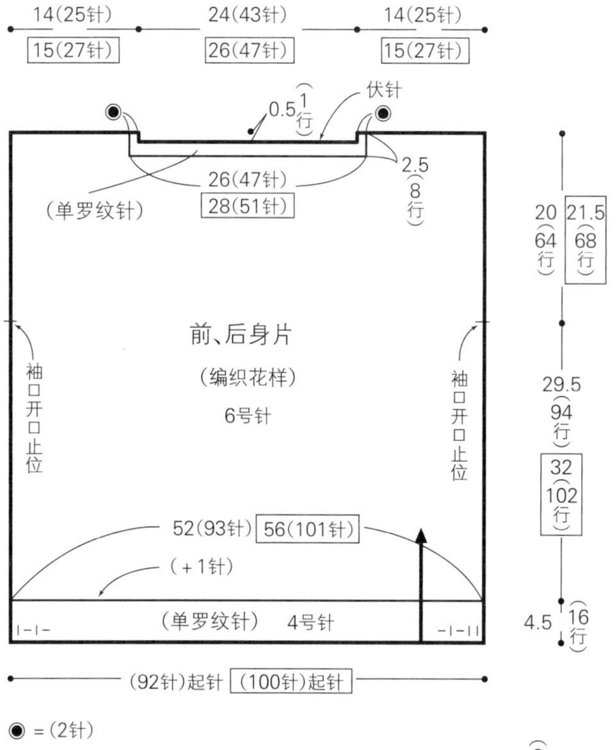

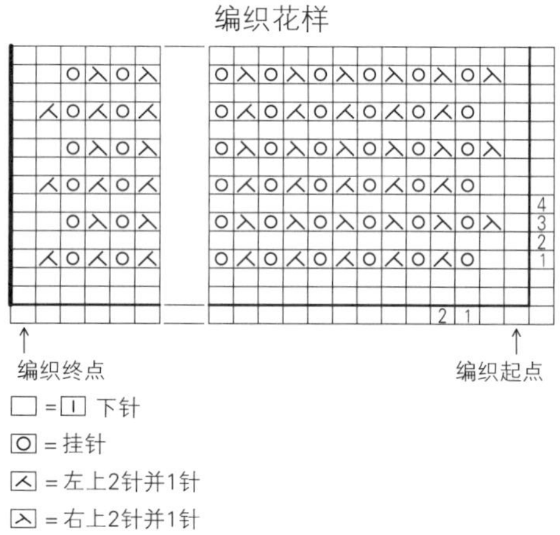

尺寸按M号、[L]号的顺序标注
只有1种标注时表示通用

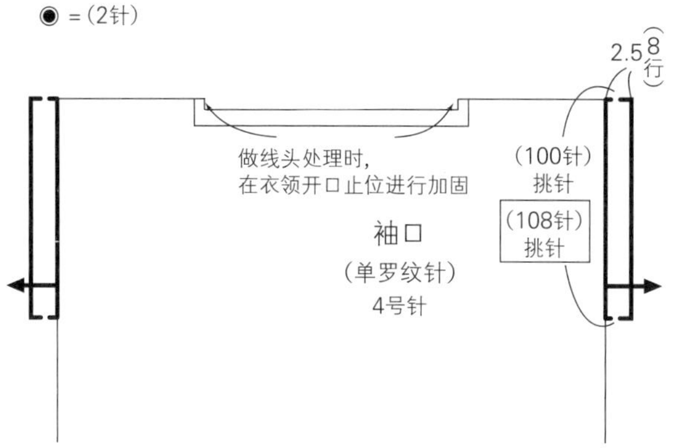

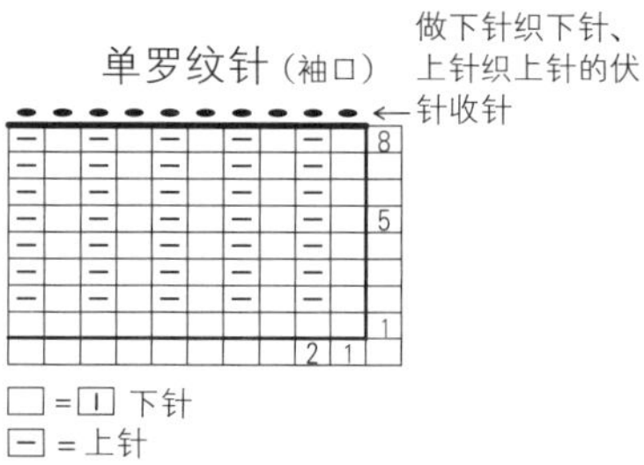

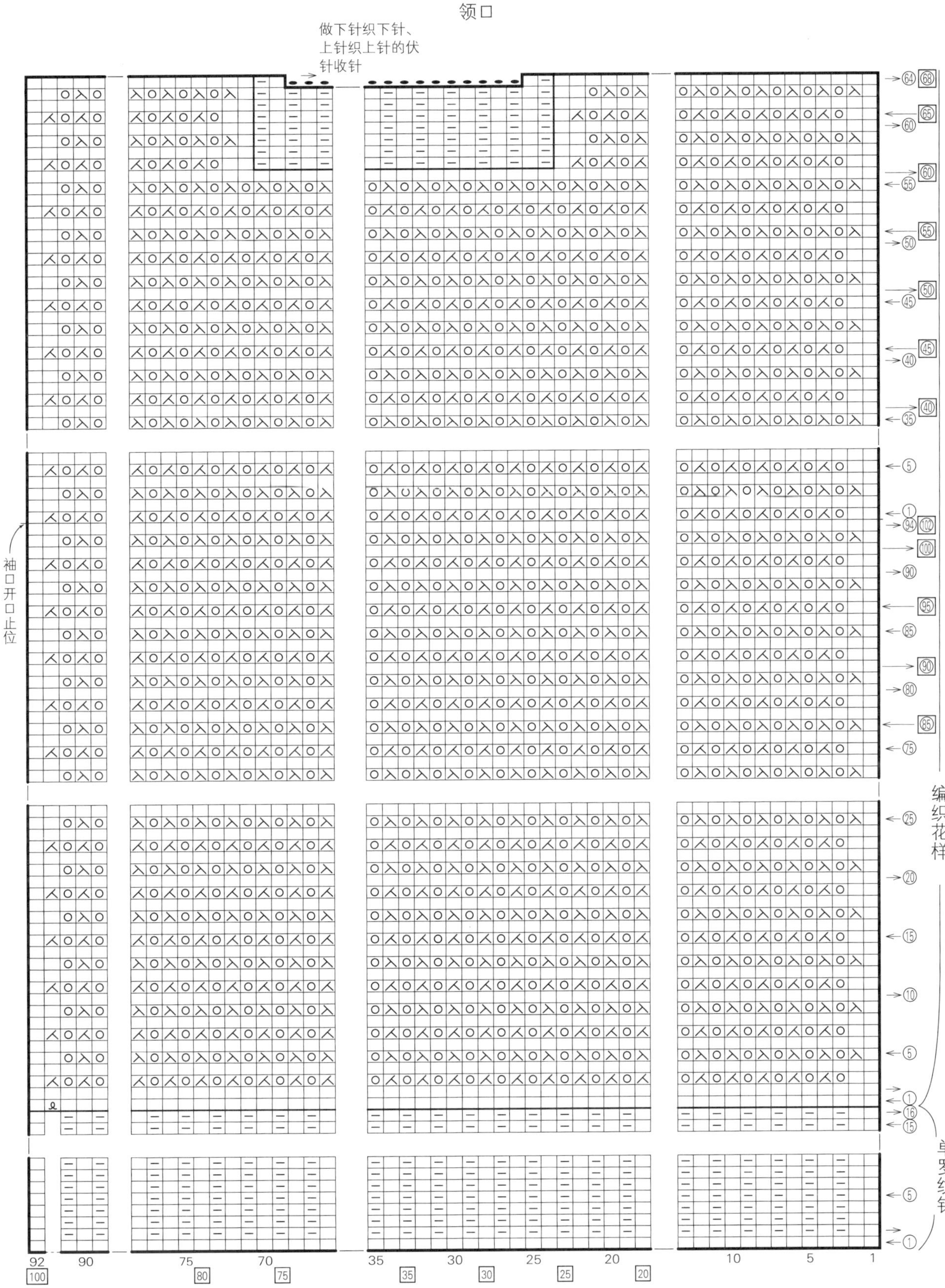

□ = 〔I〕 下针

〔−〕 = 上针

〔ℓ〕 = 扭针加针

〔O〕 = 挂针

〔人〕 = 左上2针并1针

〔入〕 = 右上2针并1针

□ 为L号的标注

Q → p.23 网眼手提包

【材料和工具】
线…芭贝　Cotton Kona　紫红色（79）215g
针…棒针10号、8号，钩针6/0号

【成品尺寸】
宽42cm，深27cm

【编织密度】
10cm×10cm面积内：编织花样14针，25行

【编织要点】
◯全部使用2根线合股编织。手指挂线起针后，按编织花样编织58行。接着换针，按单罗纹针编织包口部分和提手。提手参照图示减针。编织终点做休针处理。
◯再编织1片相同的织物，参照组合方法进行组合。

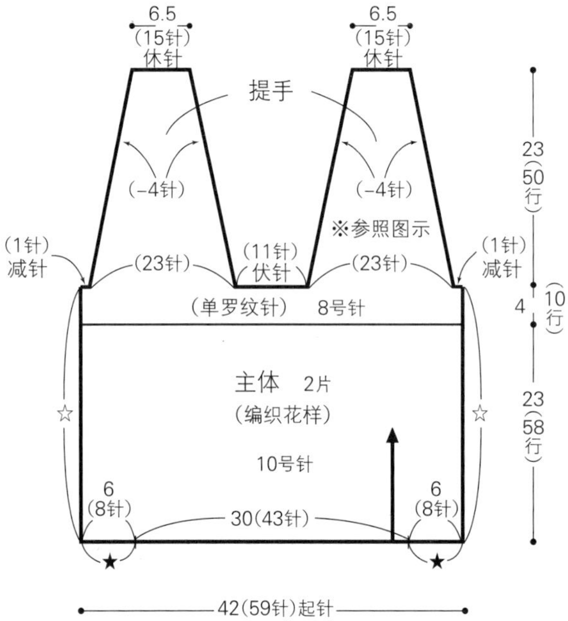

※全部使用2根线合股编织

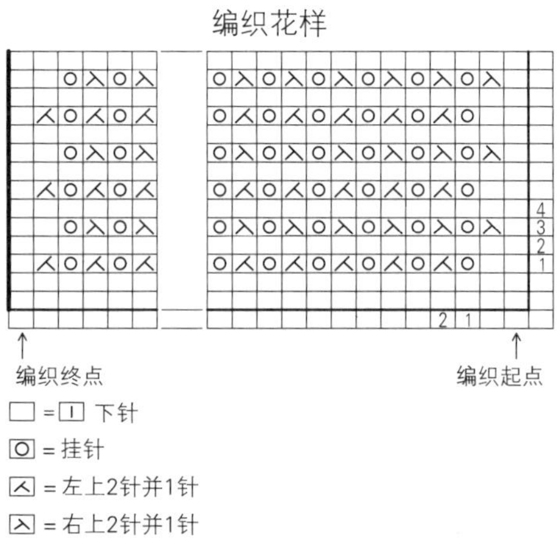

组合方法

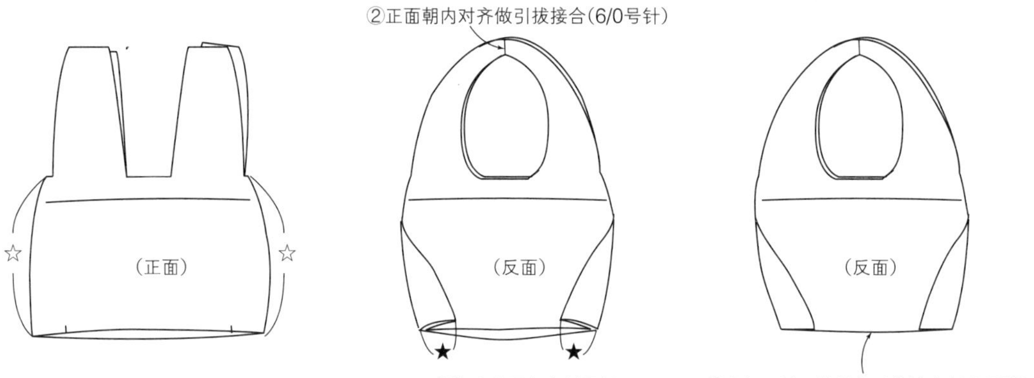

①对齐☆分别做挑针缝合

③将★分别向内侧翻折

④底部一针一针地做引拔接合(6/0号针)
(侧边转角部分在4层针目里挑针)

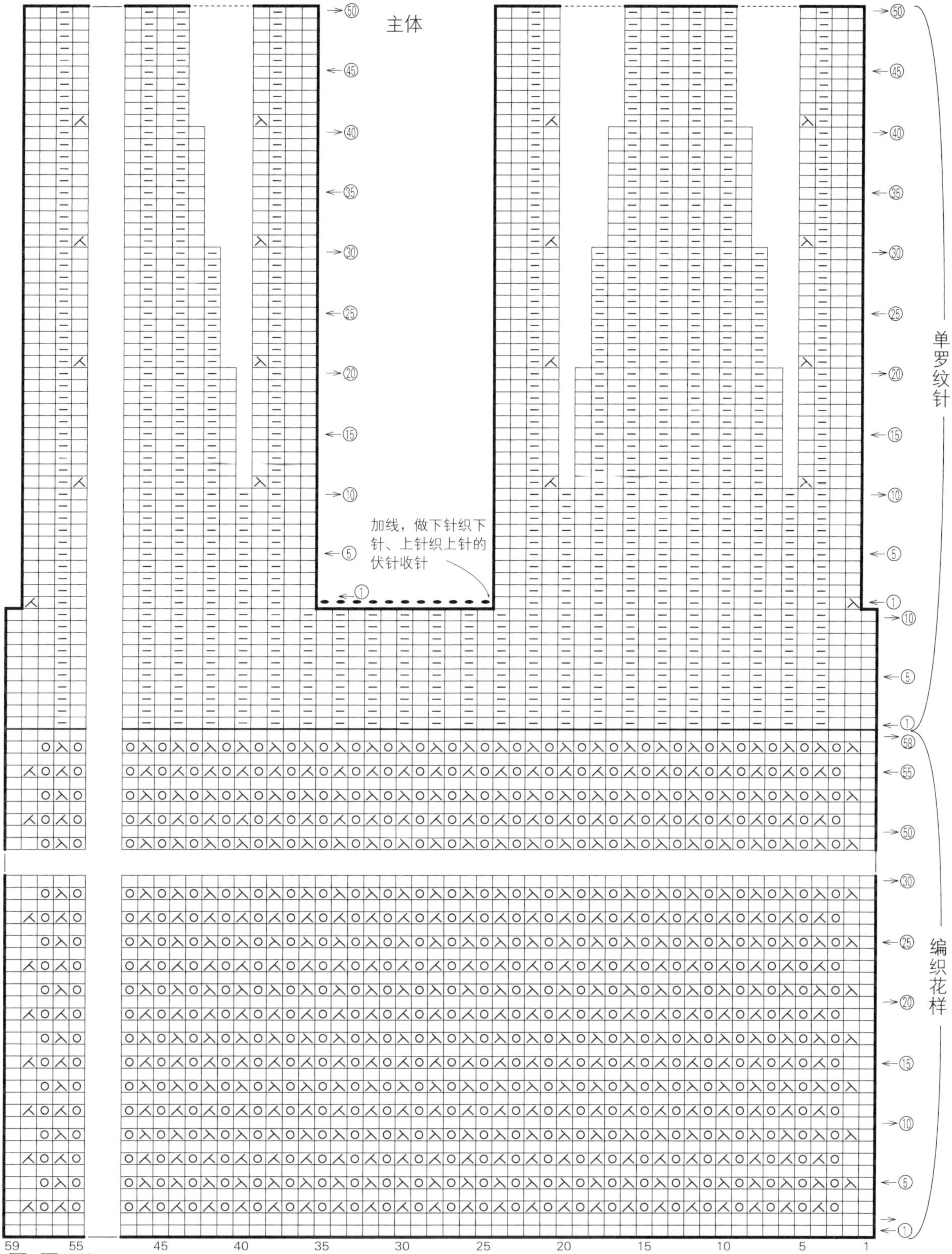

□ = ▯ 下针
⊟ = 上针
⋌ = 左上2针并1针
⋋ = 右上2针并1针
⊡ = 挂针

R → p.24
镂空花样套头衫

【材料和工具】
线…达摩手编线　Linen Ramie Cotton　巧克力色（9）220g、嫩绿色（11）50g
针…棒针6号、8号（起针）

【成品尺寸】
胸围110cm，衣长49cm，连肩袖长28.5cm

【编织密度】
10cm×10cm面积内：编织花样、条纹花样均为18.5针，25.5行；下针编织18.5针，23行

【编织要点】
○用8号针手指挂线起针，接着换成6号针，后身片按编织花样编织，前身片按条纹花样编织。在袖口开口止位用线做好标记。接着做下针编织，注意前身片的第2行有变化。领窝减2针及以上时做伏针减针，减1针时立起侧边1针减针。斜肩做引返编织。
○肩部做盖针接合，胁部做挑针缝合。衣领、袖口环形编织起伏针。编织终点做上针的伏针收针。

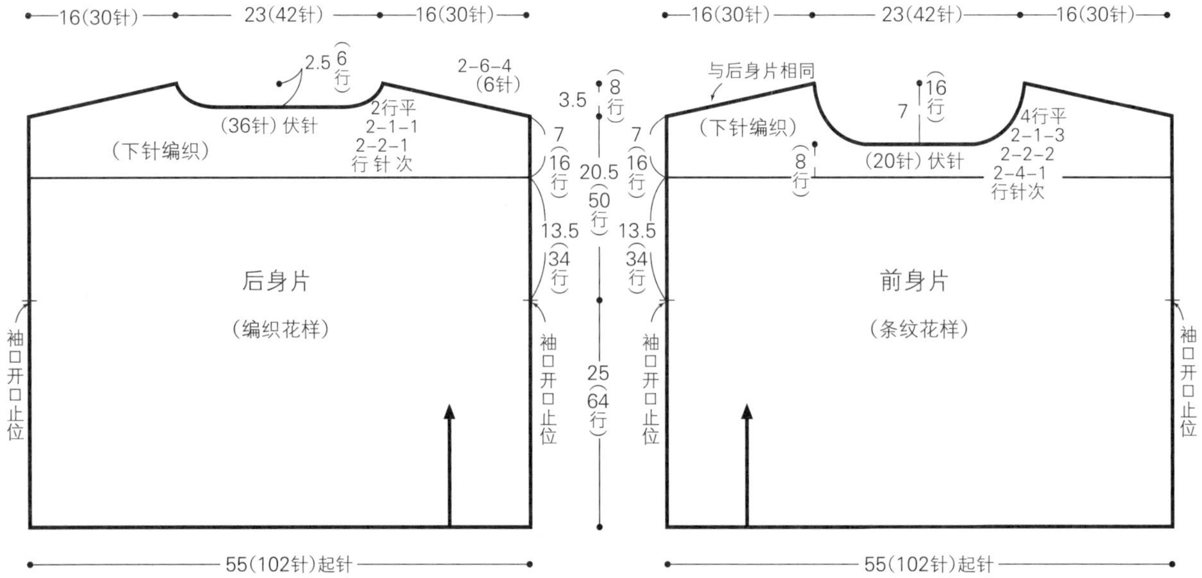

※除指定以外均用6号针编织
※除指定以外均用巧克力色线编织

※前身片下针编织部分的第2行按上针编织(参照图示)

衣领、袖口
(起伏针)

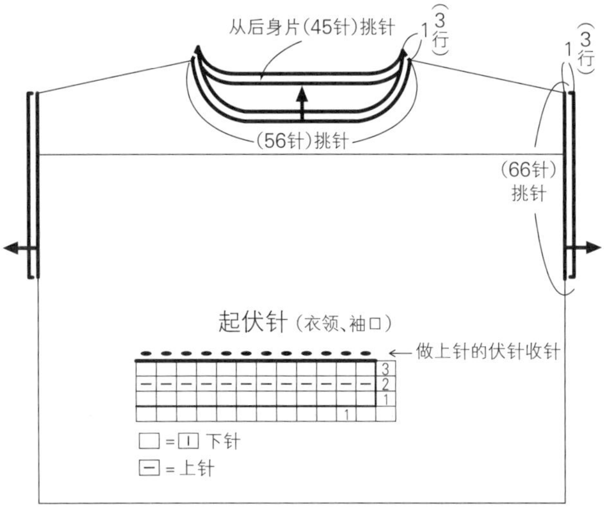

编织花样、条纹花样

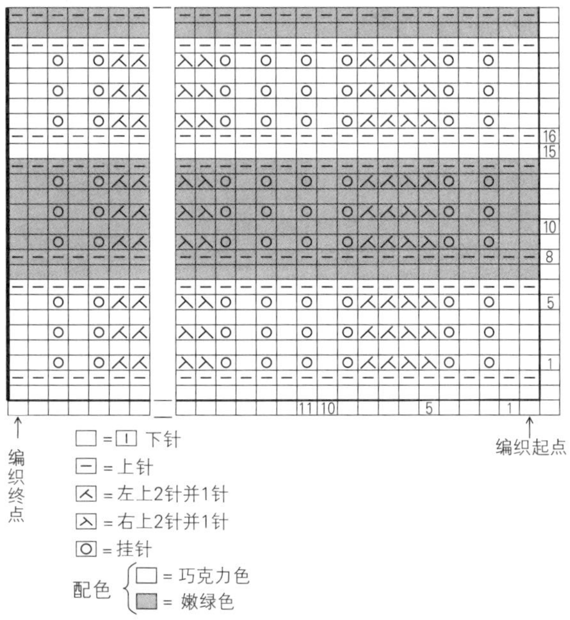

※编织花样只用巧克力色线编织(8行1个花样)

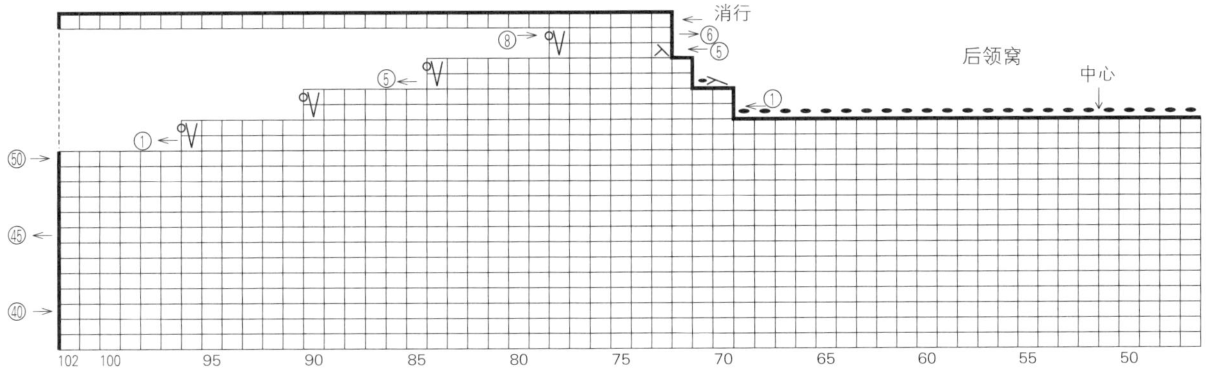

□ = Ⅰ 下针　⋏ = 右上2针并1针　V = 滑针

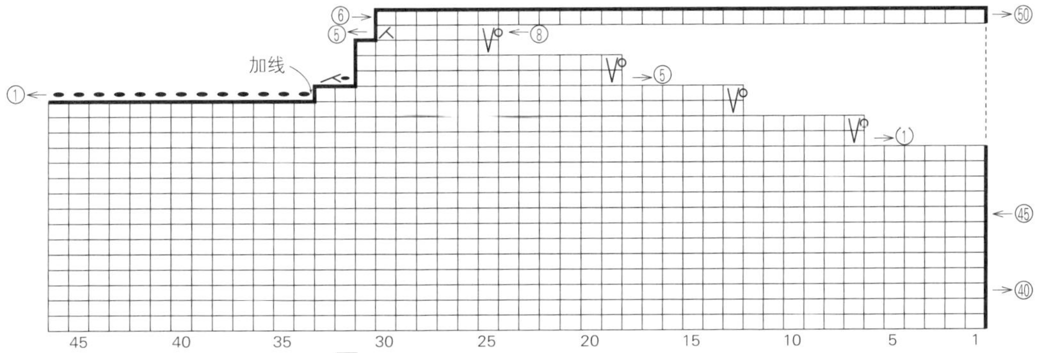

□ = Ⅰ 下针　⋌ = 左上2针并1针　V = 滑针

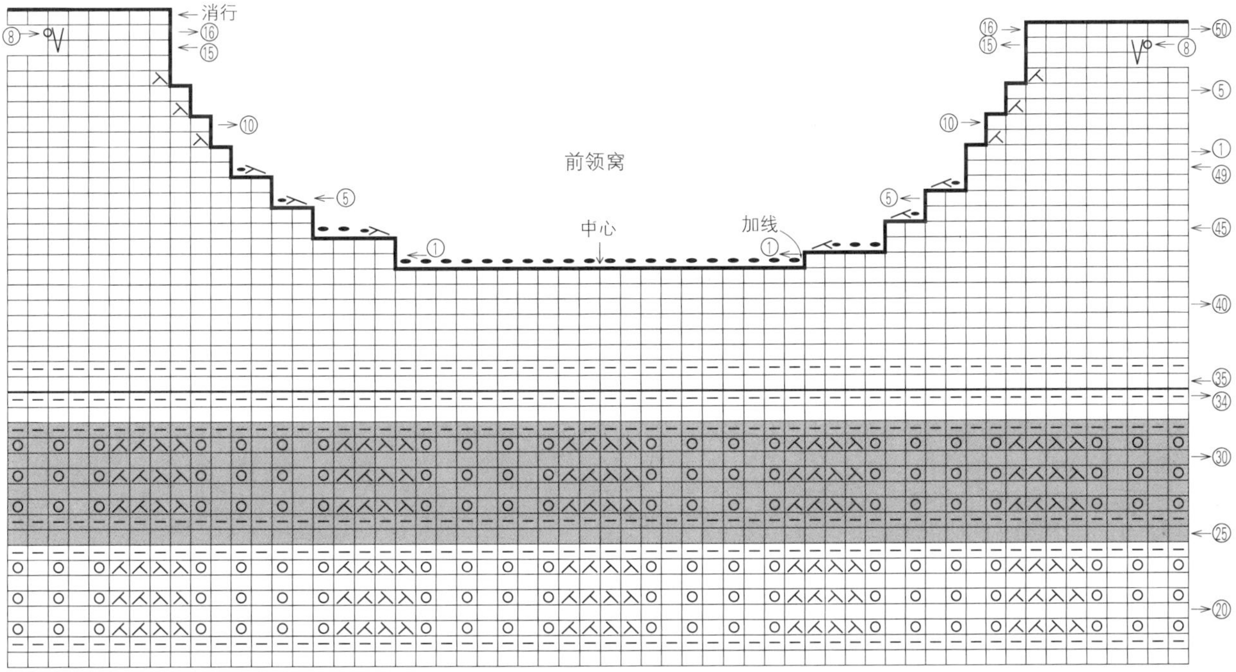

□ = Ⅰ 下针
− = 上针
⋌ = 左上2针并1针
⋏ = 右上2针并1针
○ = 挂针
V = 滑针

配色 { □ = 巧克力色 / ■ = 嫩绿色 }

S 一衣两穿的大圆领背心

→ p.26

【材料和工具】

线…和麻纳卡 Cotone Tweed 灰色（3）M：120g L：130g

针…棒针6号、5号

其他…直径2.3cm的纽扣 1颗

【成品尺寸】

M：胸围90cm，肩宽35cm，衣长41.5cm

L：胸围100cm，肩宽35cm，衣长41.5cm

【编织密度】

10cm×10cm面积内：下针编织、编织花样均为20针，28行

【编织要点】

〇手指挂线起针后开始编织4行起伏针。接着，后身片做下针编织，前身片做起伏针和编织花样。袖窿、领窝减2针及以上时做伏针减针，减1针时立起侧边1针减针。

〇肩部做盖针接合。衣领、袖窿编织起伏针，编织终点做伏针收针。胁部做挑针缝合。参照组合方法，将前端的起伏针重叠在一起，缝上纽扣。

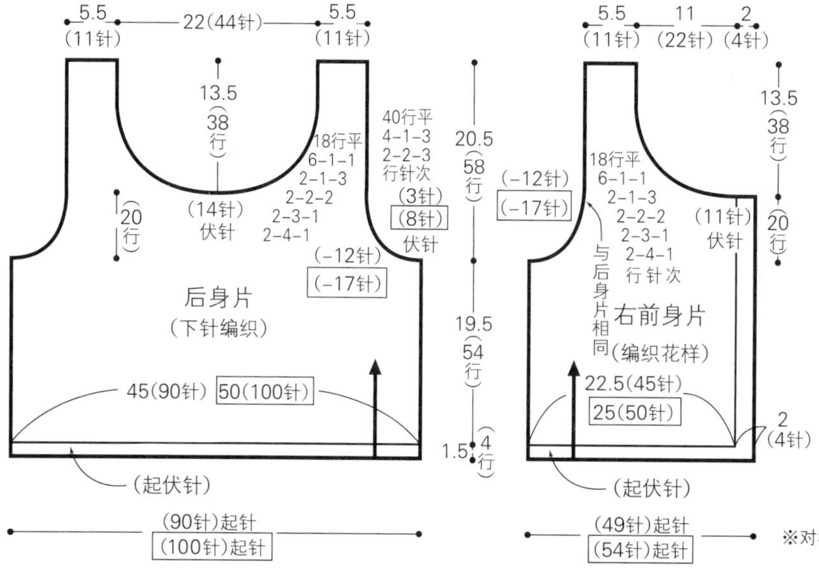

※对称编织左前身片

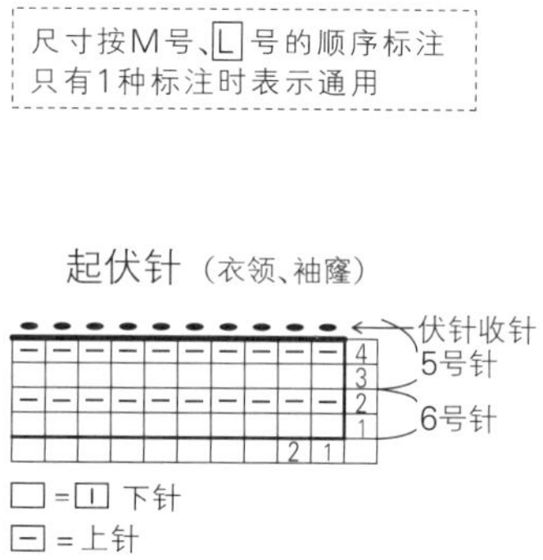

※除指定以外均用6号针编织

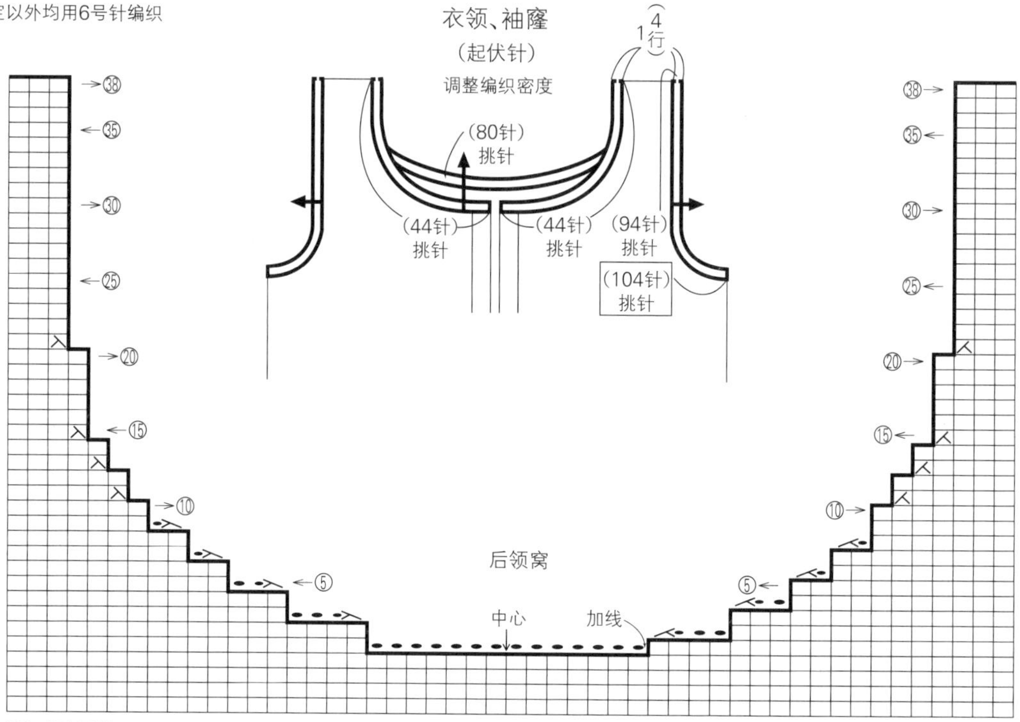

□=⊡ 下针

⋏=左上2针并1针

⋏=右上2针并1针

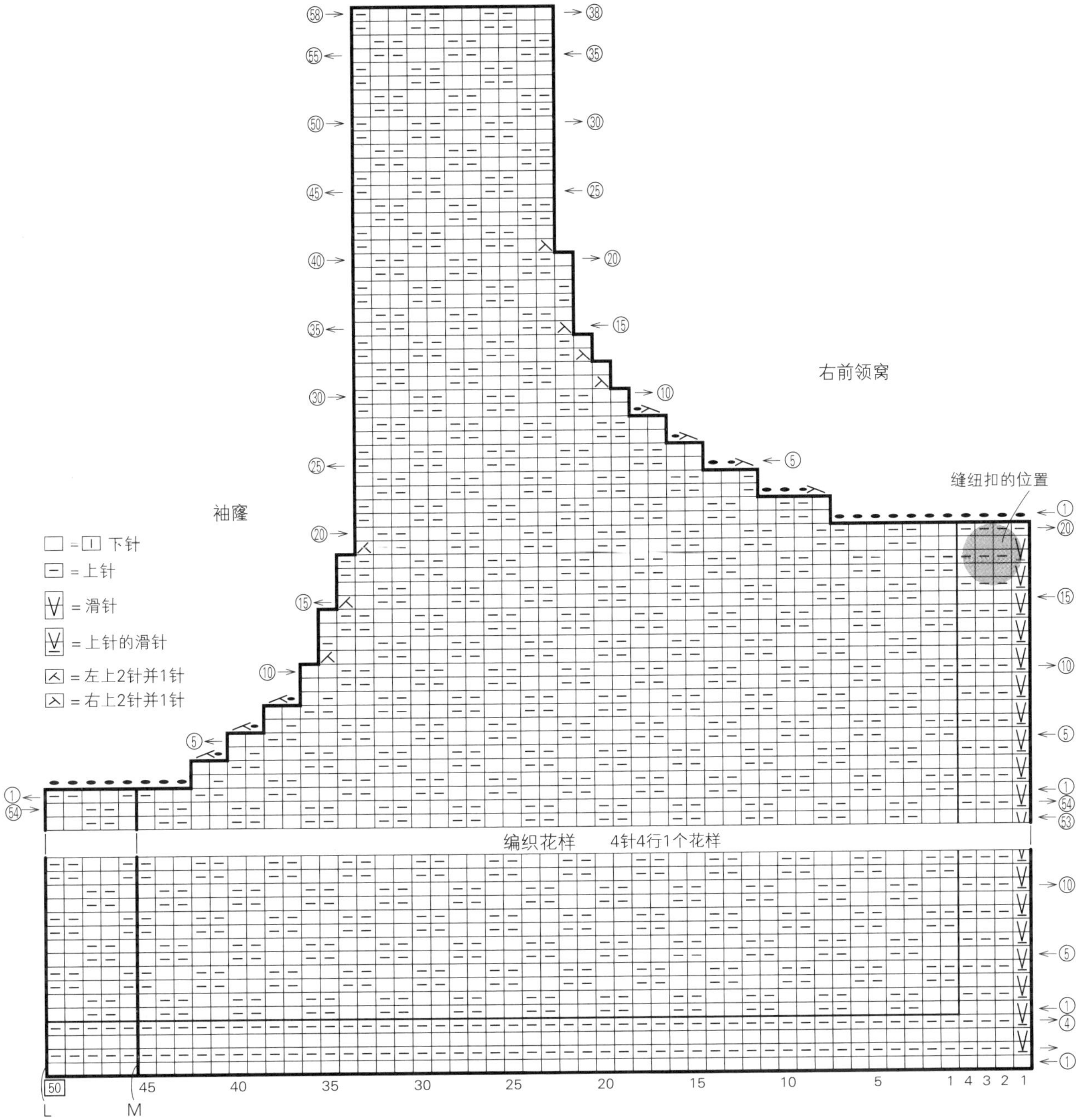

□ = ⊡ 下针
⊟ = 上针
V = 滑针
V̲ = 上针的滑针
⋌ = 左上2针并1针
⋋ = 右上2针并1针

※左、右前端的滑针都是将线放在织物的前面再滑过针目

组合方法

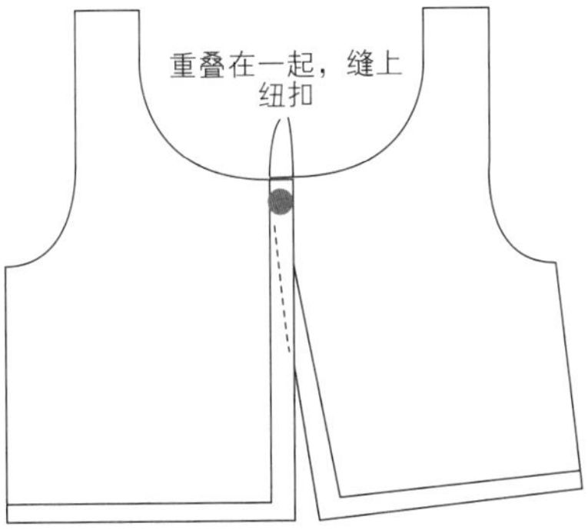

左前身片

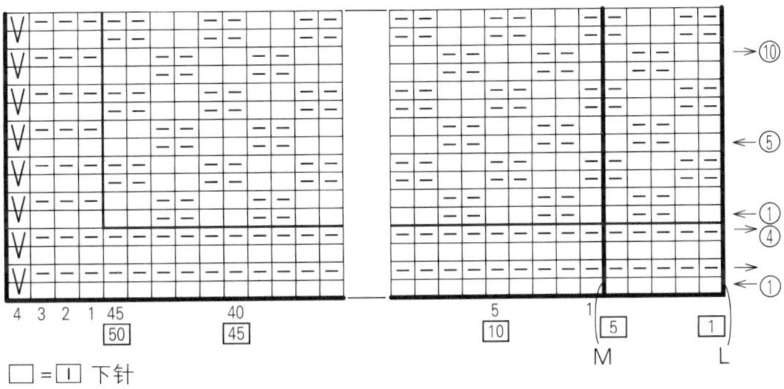

□ = ⊡ 下针

V = 滑针

□为L号的标注

棒针编织的针法符号和编织方法

下针

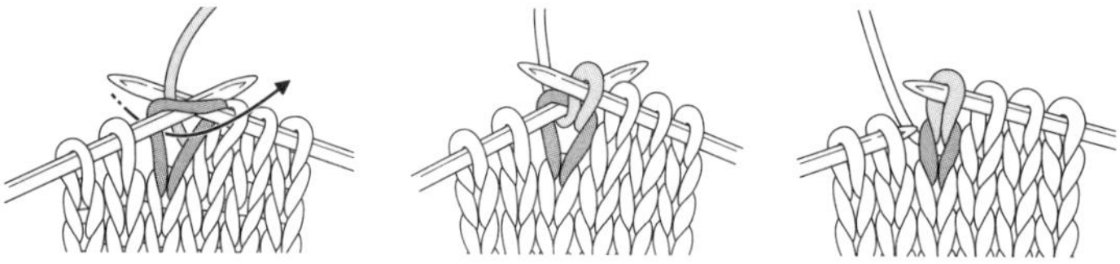

1 将线放在织物后面，从前面插入右棒针，挂线后如箭头所示拉出。

2 从左棒针上取下针目。

3 下针完成。

上针

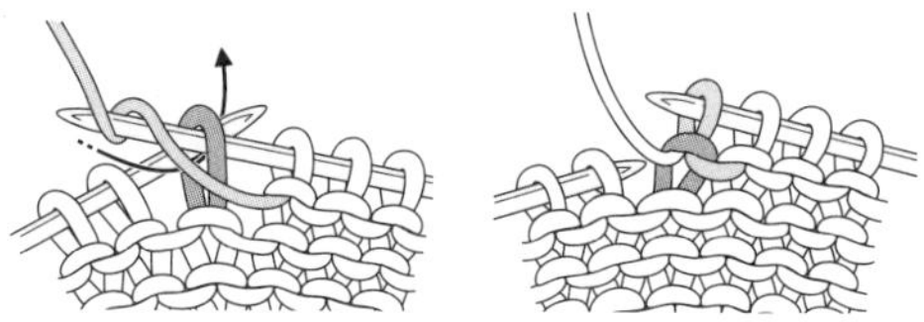

1 将线放在织物前面，从后面插入右棒针，挂线后如箭头所示拉出。

2 上针完成。

扭针

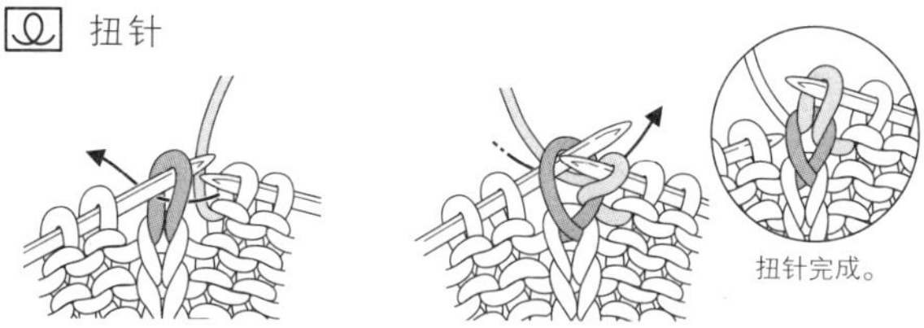

1 将线放在织物后面，如箭头所示从后面插入右棒针。

2 挂线，如箭头所示向后面拉出。

上针的扭针

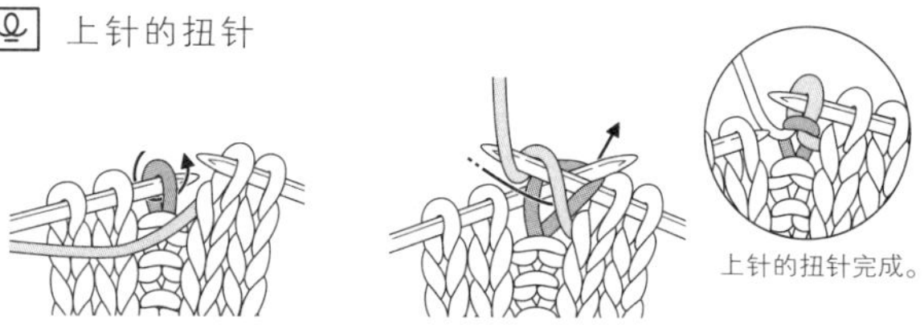

1 将线放在织物前面，如箭头所示从后面插入右棒针。

2 挂线，如箭头所示向后面拉出。

右上2针并1针

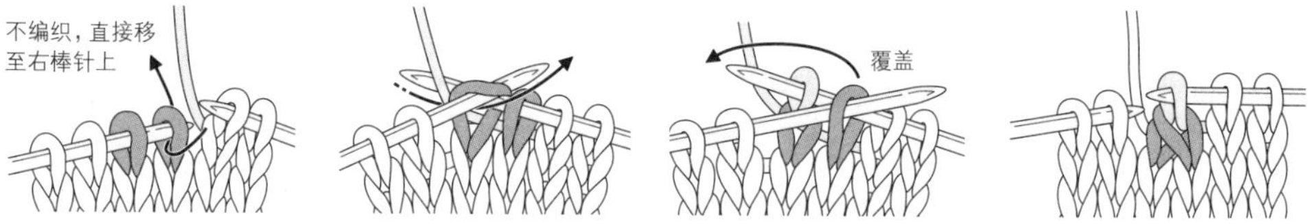

1 右边的针目不编织，直接移至右棒针上。

2 在左边的针目里编织下针。

3 将刚才移至右棒针上的针目覆盖在已织针目上。

4 右上2针并1针完成。

左上2针并1针

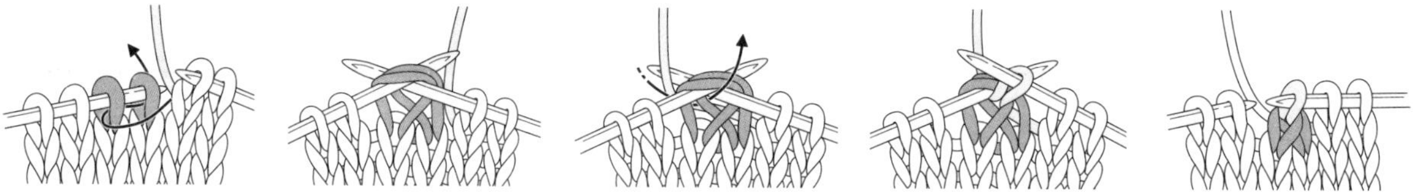

1 从2针的左侧一次性插入右棒针。

2 插入棒针后的状态。

3 针头挂线后拉出，在2针里一起编织下针。

4 用右棒针拉出线后，从左棒针上取下针目。

5 左上2针并1针完成。

右上3针并1针

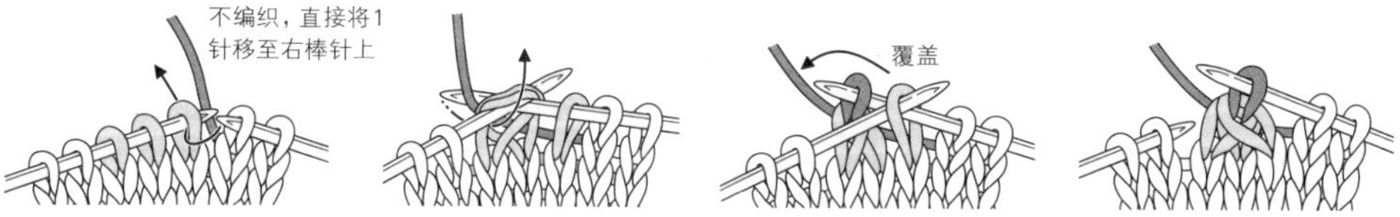

1 右边的针目不编织，直接移至右棒针上。

2 在后面2针里从左侧一次性插入右棒针，一起编织下针。

3 将刚才移至右棒针上的针目覆盖在已织针目上。

4 右上3针并1针完成。

左上3针并1针

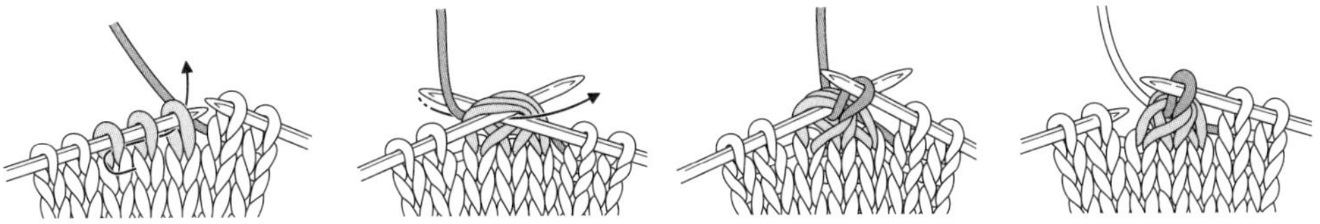

1 如箭头所示从3针的左侧一次性插入右棒针。

2 挂线后拉出，在3针里一起编织下针。

3 拉出线后，从左棒针上取下针目。

4 左上3针并1针完成。

中上3针并1针

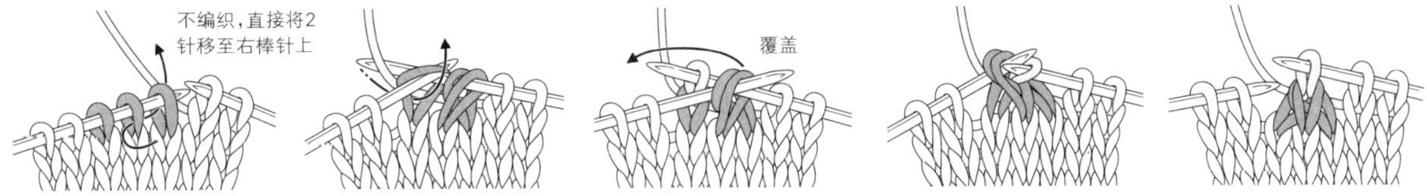

1 如箭头所示在右边的2针里插入棒针，不编织，直接移至右棒针上。

2 在下个针目里编织下针。

3 将刚才移至右棒针上的2针覆盖在已织针目上。

4 用右棒针拉出线后，从左棒针上取下针目。

5 中上3针并1针完成。

⇐● ⇒× 滑针

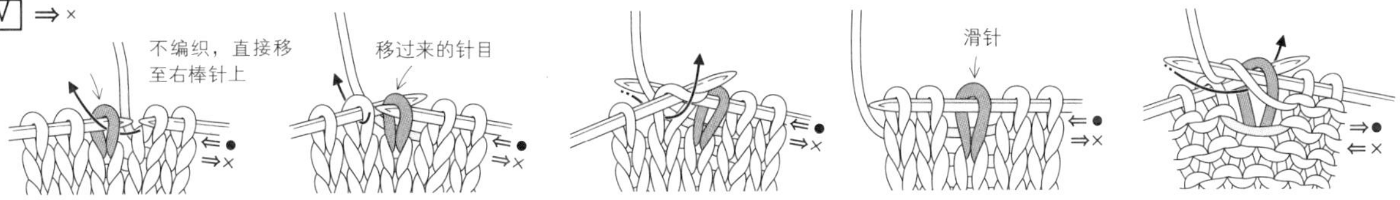

1 ●行将线放在织物后面，如箭头所示插入右棒针，不编织，直接移至右棒针上。

2 移过来的针目就是滑针。

3 接着编织后面的针目。

4 滑针完成。

5 下一行按符号图在滑针里编织。

⇐● ⇒× 上针的滑针（×行是上针的情况）

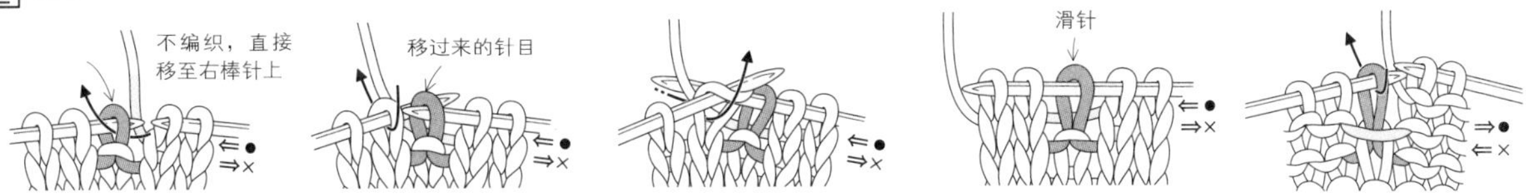

1 ●行将线放在织物后面，如箭头所示插入右棒针，不编织，直接移至右棒针上。

2 移过来的针目就是上针的滑针。

3 接着编织下个针目。

4 滑针部分的渡线位于后侧。

5 下一行按符号图在滑针里编织。

⇒☆ ⇐● ⇒× 滑针（2行）

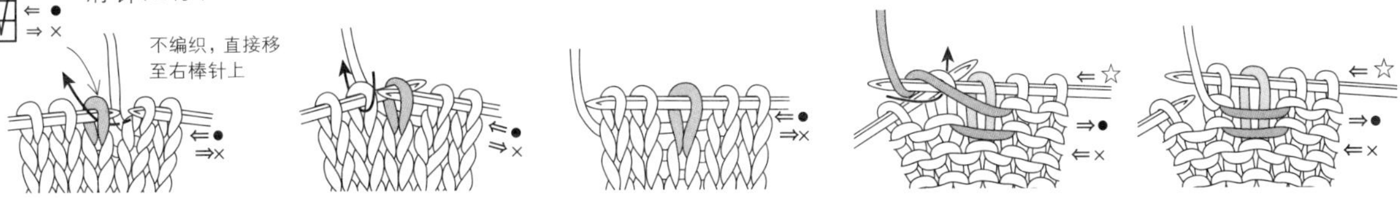

1 ●行将线放在织物后面，如箭头所示插入右棒针，不编织，直接移至右棒针上。

2 移过来的针目就是滑针。接着编织后面的针目。

3 滑针的第1行完成。

4 上针行（☆）将线放在前面，不编织，直接将针目移至右棒针上，接着编织下个针目。

5 2行的滑针完成。

上针的滑针(2行) ●行的编织方法与1行的情况相同

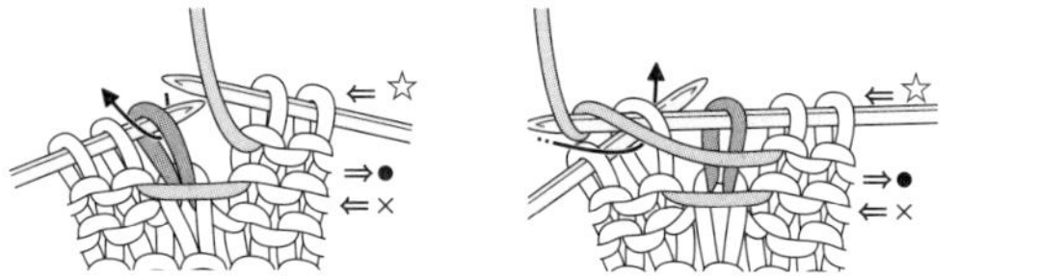

1 将线从前往后挂在右棒针上。

2 编织下个针目，2行的上针的滑针完成。

挂针

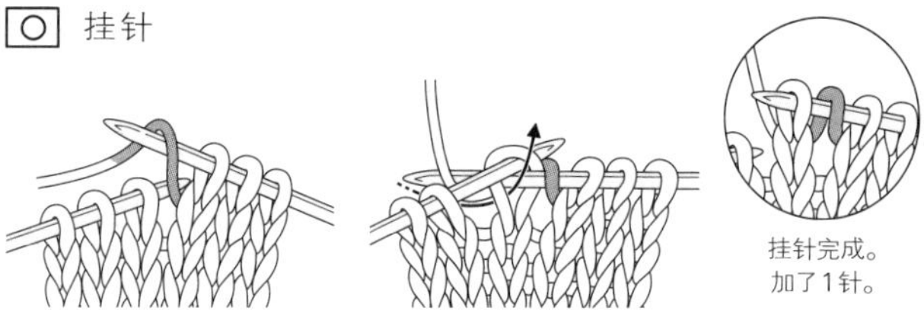

挂针完成。
加了1针。

1 将线从前往后挂在右棒针上。

2 编织下个针目。

右上1针交叉

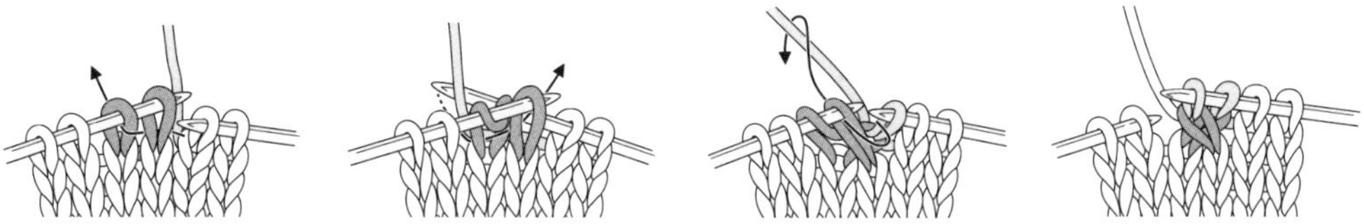

1 如箭头所示，从右边针目的后面将右棒针插入左边的针目里。

2 挂线后如箭头所示拉出，编织下针。

3 紧接着在右边的针目里编织下针。

4 拉出线后，取下左棒针上的2针，右上1针交叉完成。

左上1针交叉

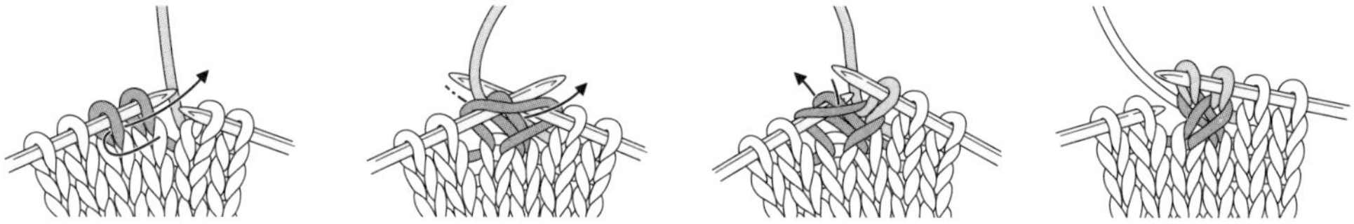

1 如箭头所示在左边的针目里插入右棒针。

2 挂线后如箭头所示拉出，编织下针。

3 紧接着在右边的针目里编织下针。

4 拉出线后，取下左棒针上的2针，左上1针交叉完成。

右上2针交叉

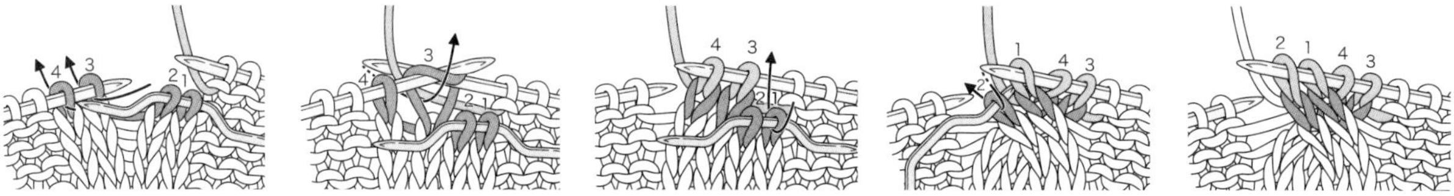

1 将右边的2针移至麻花针上，放在织物的前面休针。

2 在针目3、4里分别编织下针。

3 在休针的麻花针上的针目1里编织下针。

4 在针目2里也编织下针。

5 右上2针交叉完成。

左上3针交叉

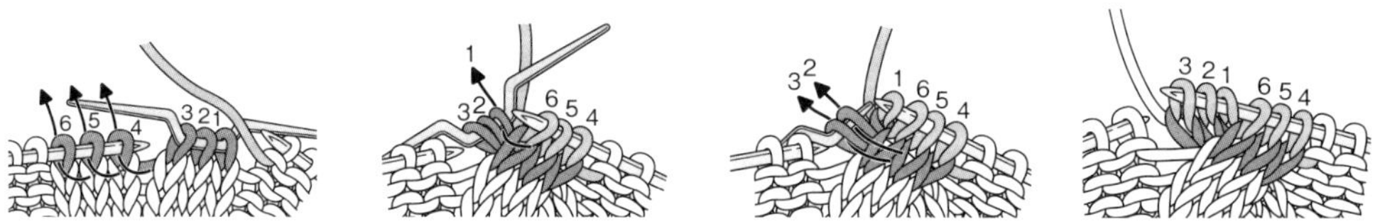

1 将右边的3针移至麻花针上放在织物的后面，在针目4、5、6里分别编织下针。

2 在针目1里编织下针。

3 在针目2、3里也编织下针。

4 左上3针交叉完成。

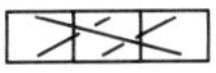 右上1针与2针的交叉

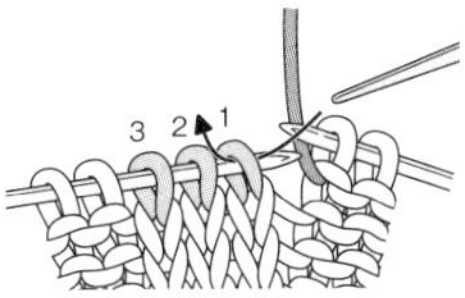

1 将右边的1针移至麻花针上。

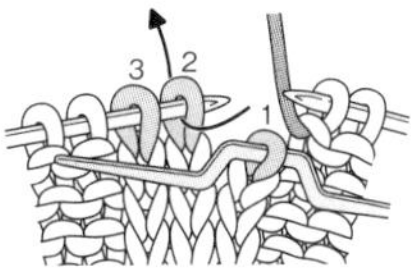

2 将移过来的1针放在织物的前面。在针目2、3里编织下针。

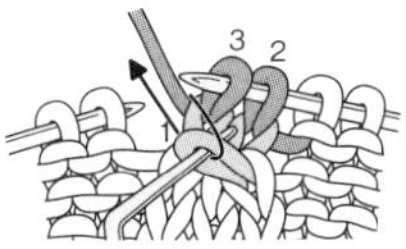

3 如箭头所示在针目1里插入右棒针，编织下针。

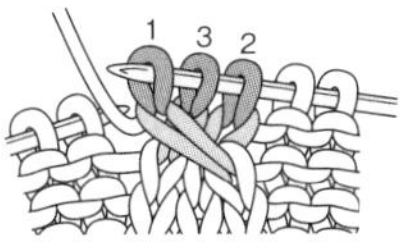

4 右上1针与2针的交叉完成。

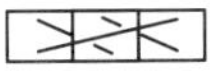 左上1针与2针的交叉

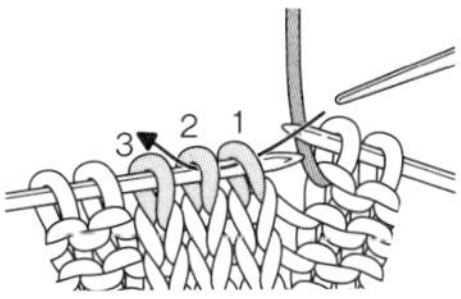

1 将右边的2针移至麻花针上。

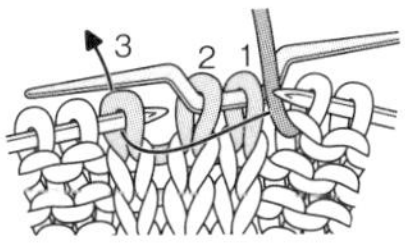

2 将移过来的2针放在织物的后面，在针目3里插入右棒针，编织下针。

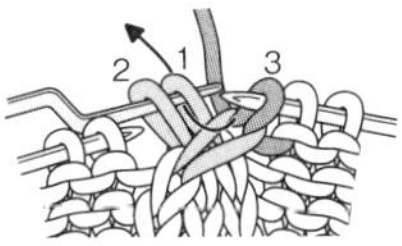

3 如箭头所示在针目1、2里插入右棒针，编织下针。

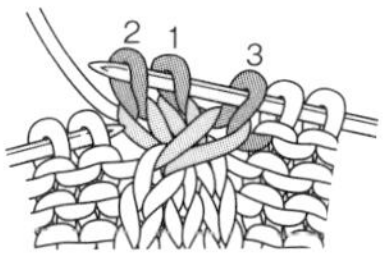

4 左上1针与2针的交叉完成。

 右上2针与1针的交叉（下方为上针）

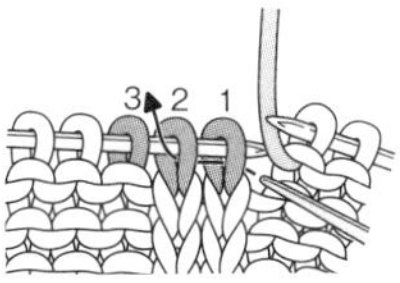

1 将右边的2针移至麻花针上。

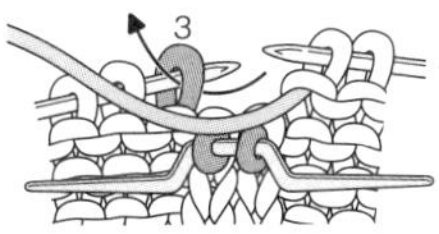

2 将移过来的2针放在织物的前面，在针目3里插入右棒针，编织上针。

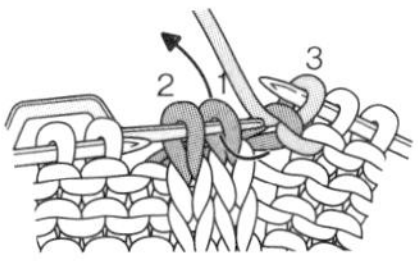

3 如箭头所示在针目1、2里插入右棒针，编织下针。

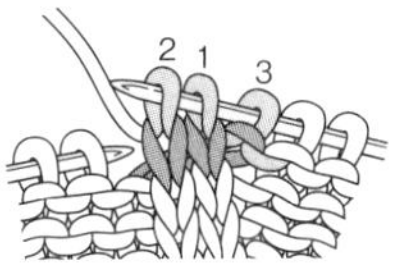

4 右上2针与1针的交叉（下方为上针）完成。

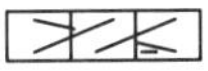 左上2针与1针的交叉（下方为上针）

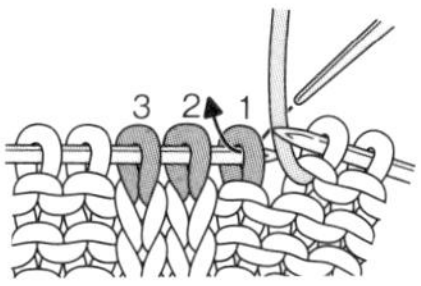

1 将右边的1针移至麻花针上。

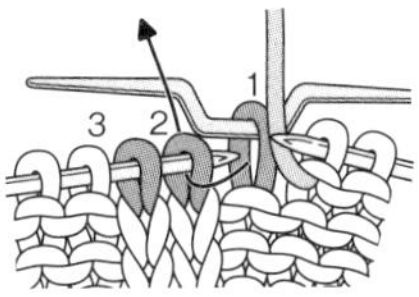

2 将移过来的1针放在织物的后面，在针目2、3里分别编织下针。

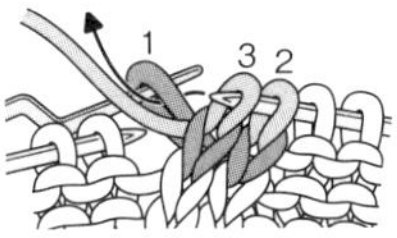

3 如箭头所示在针目1里插入右棒针，编织上针。

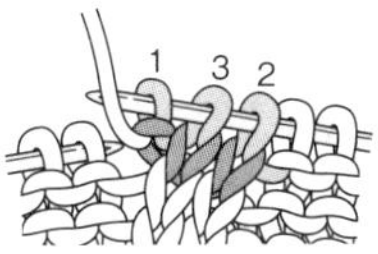

4 左上2针与1针的交叉（下方为上针）完成。

 扭针的右上2针并1针

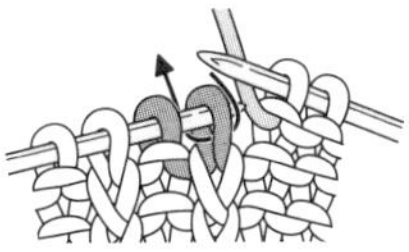

1 如箭头所示从后面插入右棒针扭转针目，将该针目移至右棒针上。

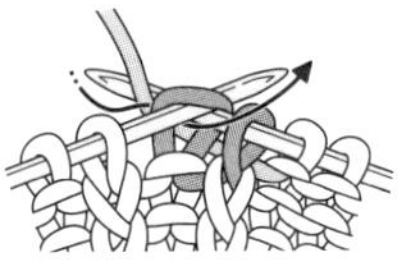

2 在左边的针目里编织下针。

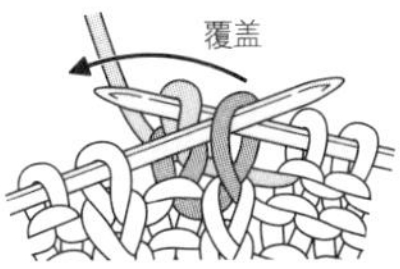

3 用左棒针挑起右边的针目，将其覆盖在已织针目上。

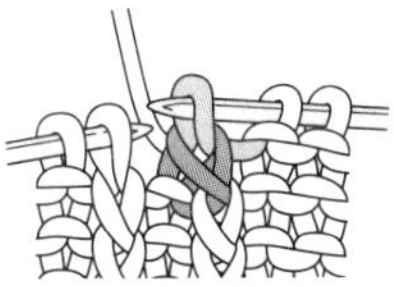

4 扭针的右上2针并1针完成。

扭针的左上2针并1针

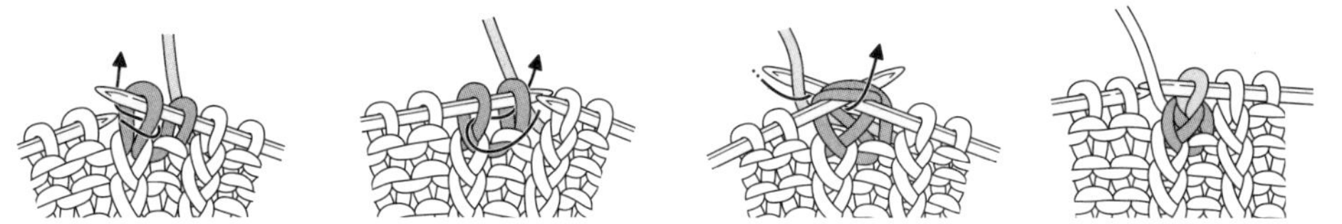

1 将2针移至右棒针上，如箭头所示在第2针里插入左棒针移回针目。

2 第1针直接移回至左棒针上，如箭头所示插入右棒针。

3 在2针里一起编织下针。

4 扭针的左上2针并1针完成。

右上扭针的1针交叉（下方为上针）

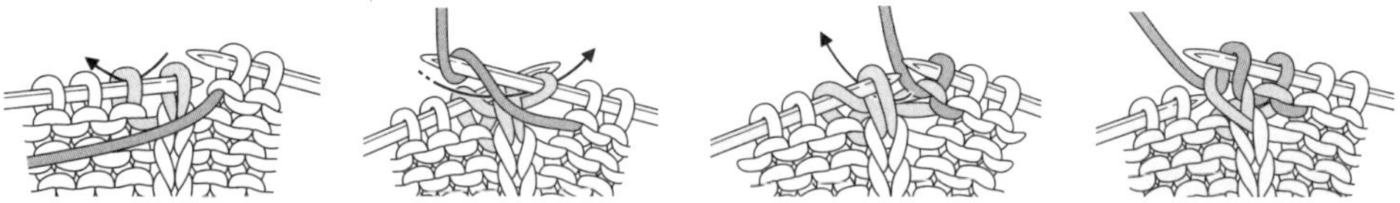

1 如箭头所示，从右边针目的后面将右棒针插入左边的针目里。

2 将针目拉出至右边针目的右侧，针头挂线，如箭头所示将线拉出，编织上针。

3 不要取下已织针目，如箭头所示在右边的针目里插入右棒针，编织扭下针。

4 右上扭针的1针交叉（下方为上针）完成。

右上扭针的2针交叉

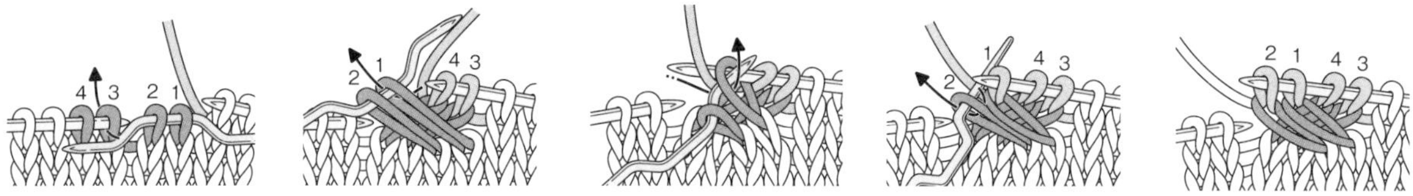

1 将右边的2针移至麻花针上（放在织物的前面），在针目3里插入右棒针编织下针。

2 在针目4里也编织下针。如箭头所示在针目1里插入右棒针。

3 编织扭下针。

4 如箭头所示在针目2里插入右棒针，也编织扭下针。

5 右上扭针的2针交叉完成。

左上扭针的1针交叉（下方为上针）

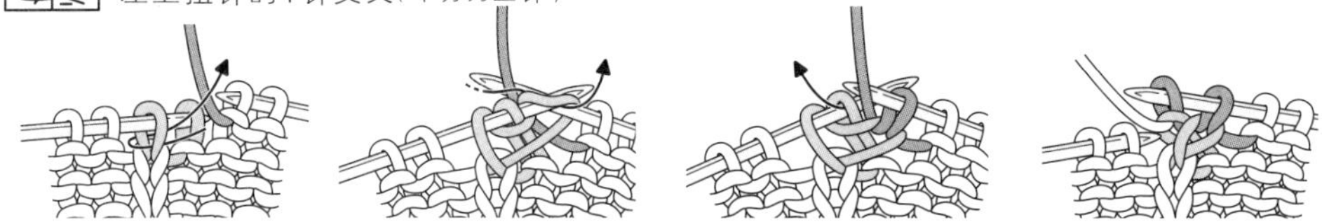

1 如箭头所示，从右边针目的前面将右棒针插入左边的针目里，将针目拉出至右边针目的右侧。

2 针头挂线，如箭头所示将线拉出，编织扭下针。

3 不要取下已织针目，如箭头所示从后面在右边的针目里插入右棒针，编织上针。

4 左上扭针的1针交叉（下方为上针）完成。

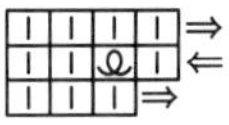

扭针加针（右侧）

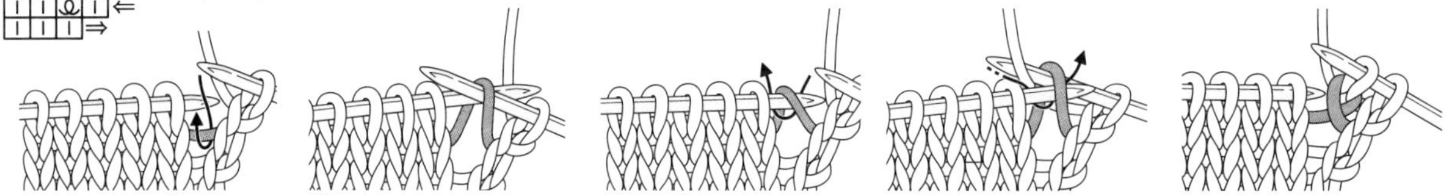

1 编织右端的1针，如箭头所示在渡线里插入右棒针。

2 用右棒针挑起渡线，将其移至左棒针上。

3 如箭头所示在移过来的线里插入右棒针。

4 按下针的编织要领将线拉出。

5 退出左棒针，右侧的扭针加针完成。

扭针加针（左侧）

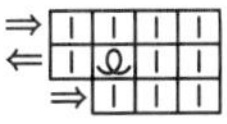

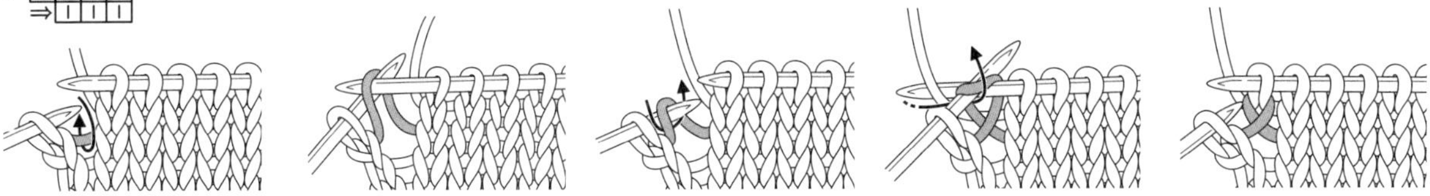

1 编织至左端剩1针，如箭头所示在渡线里插入右棒针。

2 用右棒针挑起渡线，将其移至左棒针上。

3 如箭头所示在移过来的线里插入右棒针。

4 按下针的编织要领将线拉出，退出左棒针。

5 左侧的扭针加针完成。

扭针加针（上针的情况）（右侧）

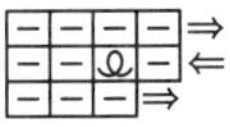

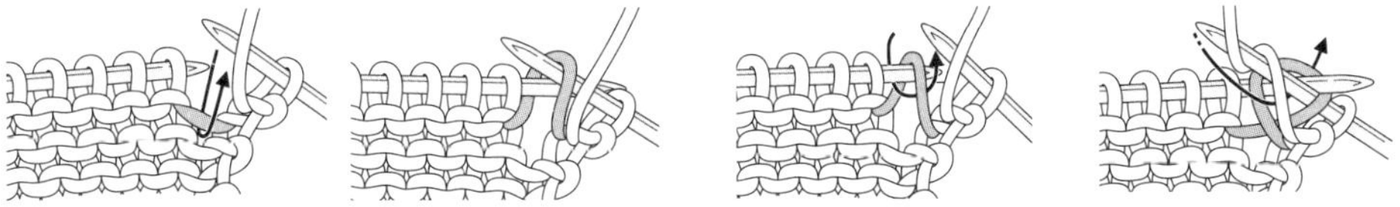

1 编织右端的1针，如箭头所示在渡线里插入右棒针。

2 用右棒针挑起渡线，将其移至左棒针上。

3 如箭头所示在移过来的线里插入右棒针。

4 按上针的编织要领将线拉出，退出左棒针。

扭针加针（上针的情况）（左侧）

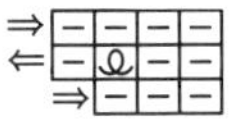

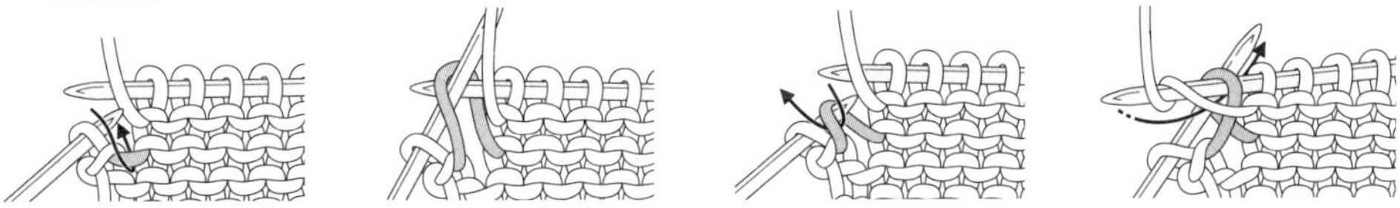

1 编织至左端剩1针，如箭头所示在渡线里插入右棒针。

2 用右棒针挑起渡线，将其移至左棒针上。

3 如箭头所示在移过来的线里插入右棒针。

4 按上针的编织要领将线拉出，退出左棒针。

卷针加针（2针以上）

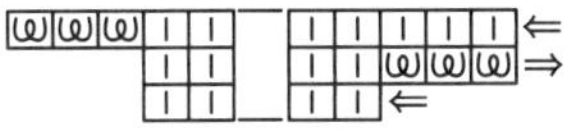

加2针以上时在编织终点进行操作，左右两端会错开1行。
加1针时在同一行进行操作。

右侧

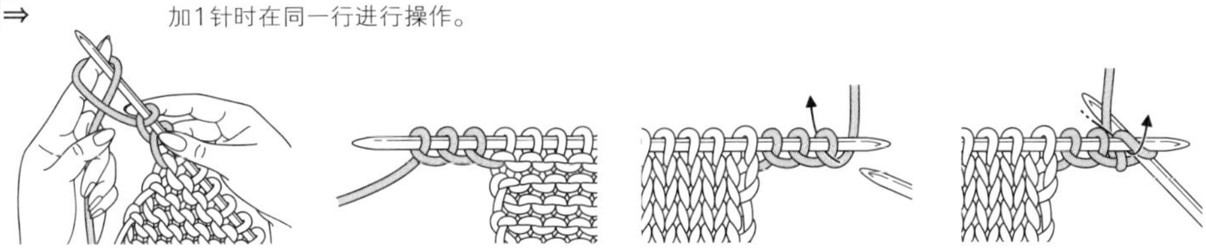

1 如图所示在食指上绕线，插入棒针后退出手指。

2 重复步骤1，3针卷针加针完成后的状态。

3 下一行如箭头所示在边针里插入右棒针。

4 编织下针。后面的针目也编织下针。

左侧

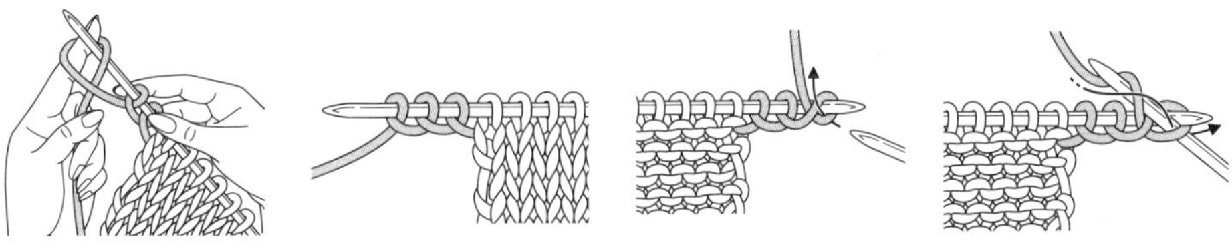

1 如图所示在食指上绕线，插入棒针后退出手指。

2 重复步骤1，3针卷针加针完成后的状态。

3 下一行如箭头所示在边针里插入右棒针。

4 编织上针。后面的针目也编织上针。

 下针的伏针

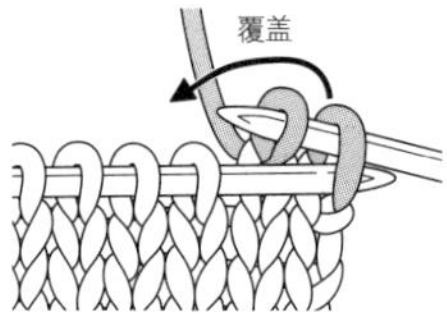

1 编织2针下针，将右边的针目覆盖在左边的针目上。

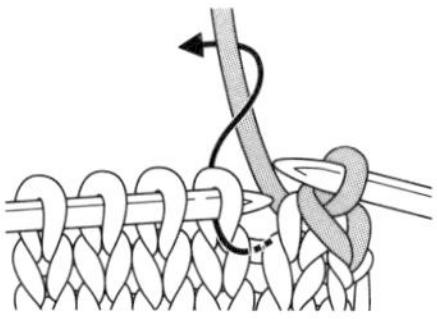

2 下一针也编织下针，与步骤1一样覆盖。

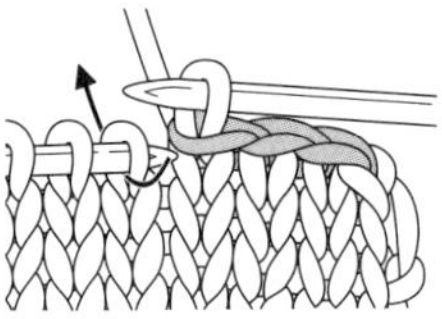

3 重复“编织1针下针，覆盖”，继续编织伏针。

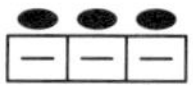 上针的伏针

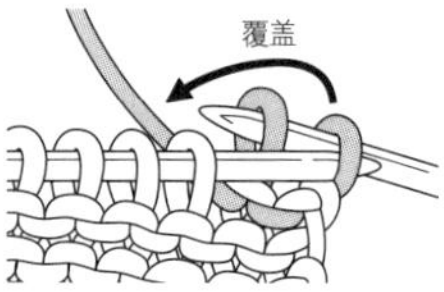

1 编织2针上针，将右边的针目覆盖在左边的针目上。

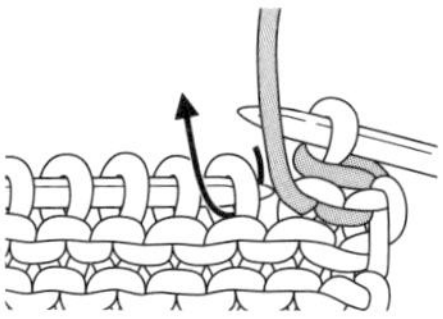

2 重复“编织1针上针，覆盖”，继续编织伏针。

挑针缝合

直线部分的情况

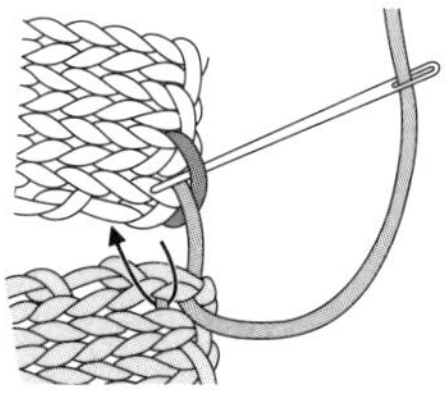

1 将2片织物正面朝上对齐，分别在起针的线里挑针。

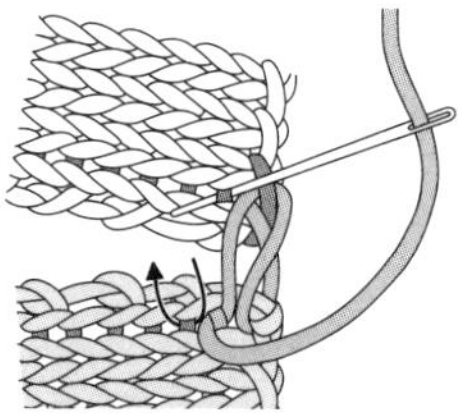

2 在边上1针内侧的渡线里逐行交替挑针缝合。每挑1针将线拉紧。

有减针的情况

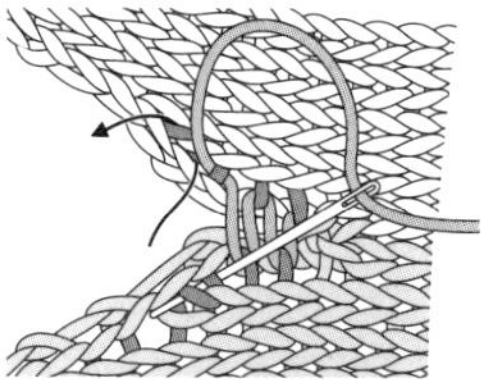

1 在边上1针内侧的渡线以及减针时重叠在下方的针目中心插入缝针挑针。

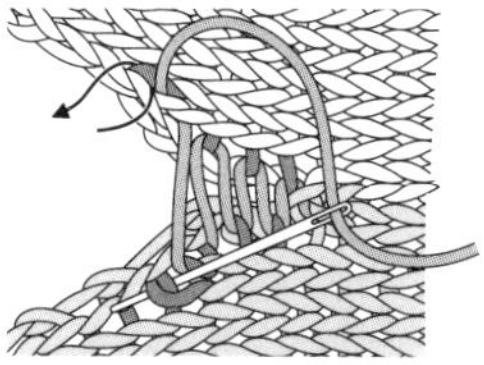

2 接着在减针部分以及下一行边上1针内侧的渡线里一起挑针。

下针无缝缝合

两侧均为伏针的情况

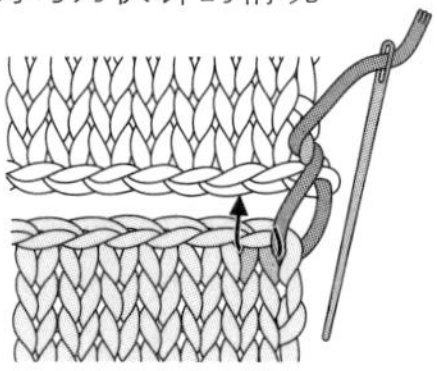

1 按照“没有线头一侧的边针、另一侧的边针”的顺序，从反面插入缝针。

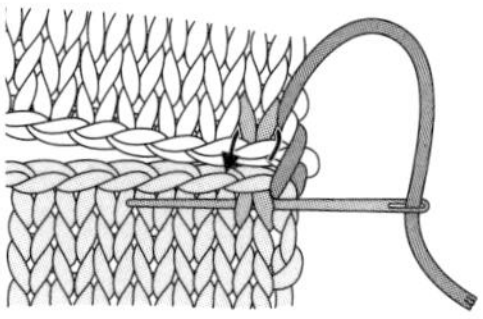

2 在前面织物的针目里插入缝针，接着如箭头所示在后面织物的针目里插入缝针。

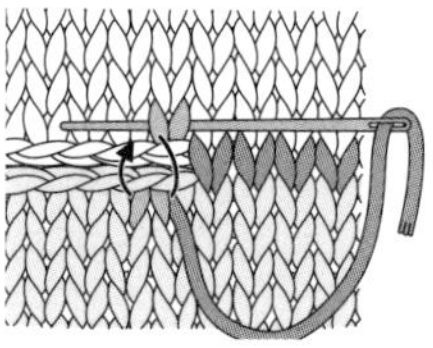

3 重复“在前面织物里呈八字形挑针，在后面织物里呈倒八字形挑针”。

一侧为伏针的情况

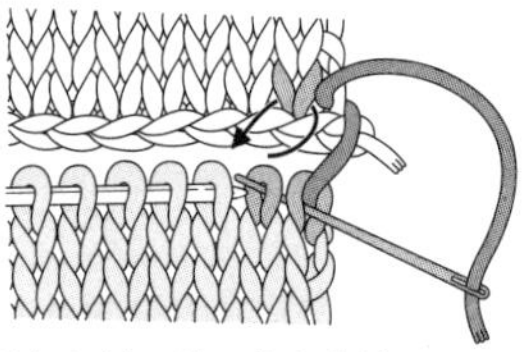

1 从保留针目的织物上出针，在伏针一侧的半针里挑针，接着如图所示插入缝针。

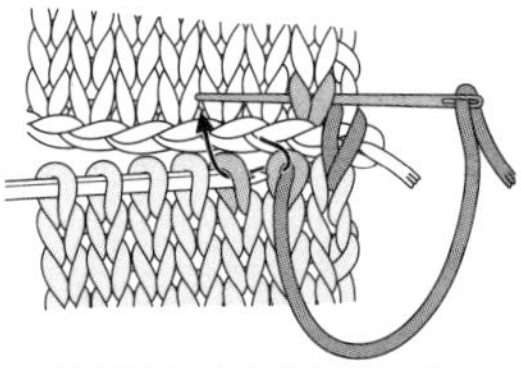

2 用相同方法在保留针目的织物上插入缝针。

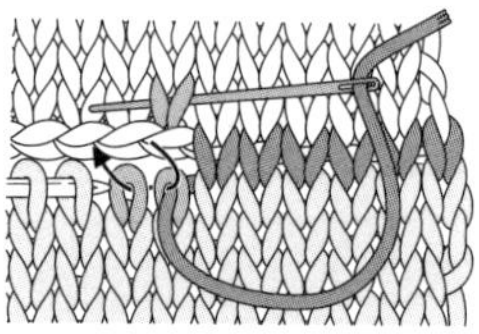

3 重复“在前面织物里呈八字形挑针，在后面织物里呈倒八字形挑针”。

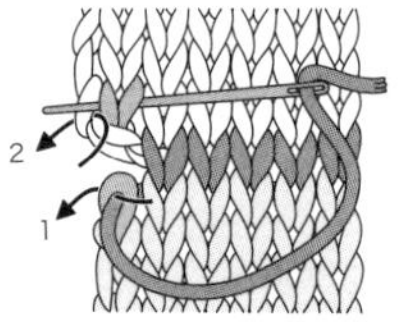

4 最后如箭头所示插入缝针结束缝合。

针与行的接合

与下针接合的情况

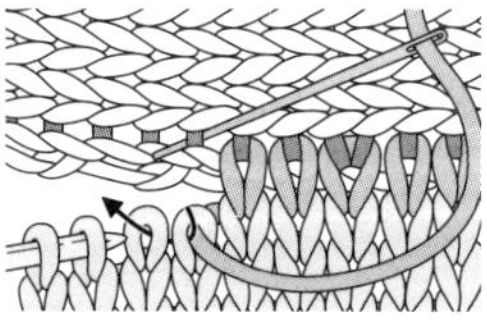

1 从行上挑取1行，前面的织物在2针里插入缝针。行数较多时，可以在若干位置一次挑取2行进行调整。

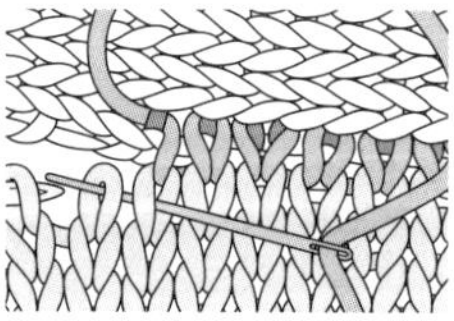

2 交替在针与行上插入缝针，将缝合线拉紧至看不到线迹为止。

与伏针接合的情况

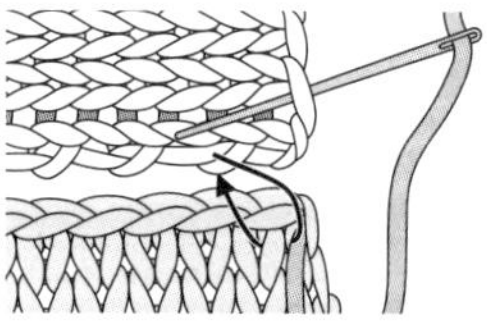

1 将伏针收针的织物放在前面，如图所示插入缝针。每行在渡线里挑针。

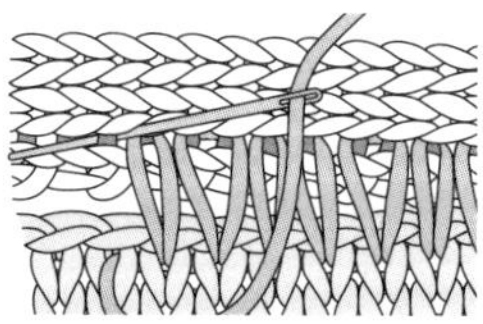

2 交替在针与行上挑针。将缝合线拉紧至看不到线迹为止。

从另线锁针的起针上挑针

解开另线锁针的方法（从另线锁针的编织终点开始挑针编织的情况）

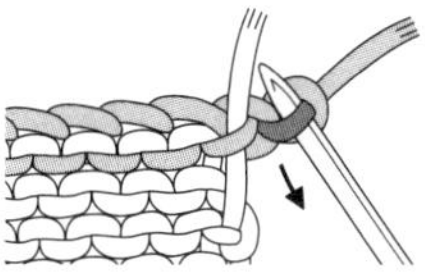

1 看着织物的反面，在另线锁针的里山插入棒针，将线头拉出。

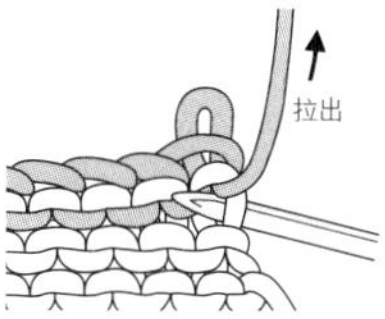

2 在边针里插入棒针，解开另线锁针。

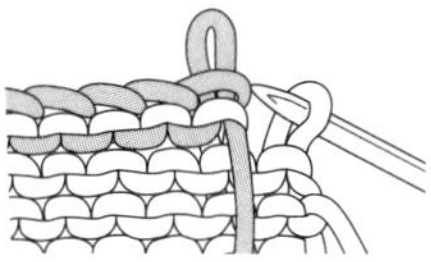

3 解开1针后的状态。在针目里插入棒针，一边解开锁针一边将针目移至棒针上。

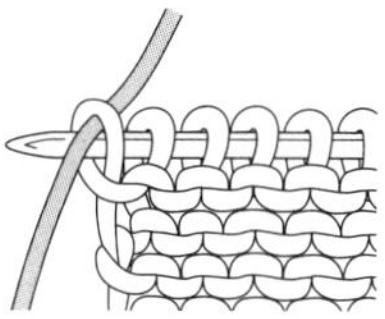

4 最后一针保持针目扭转的状态插入棒针，抽出另线锁针的线。

5 移完针目后的状态。

第1行（挑针数与起针数相同的情况）

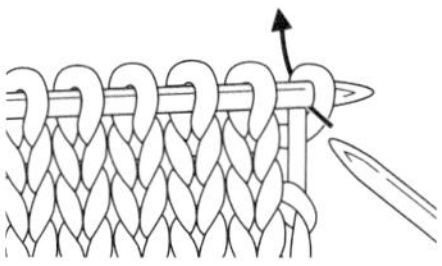

6 翻转织物，在右端的针目里从前面插入棒针。

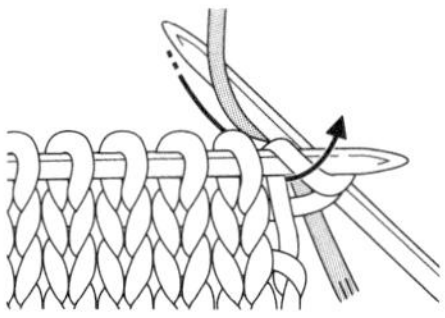

7 在右棒针上挂上新线，编织下针。

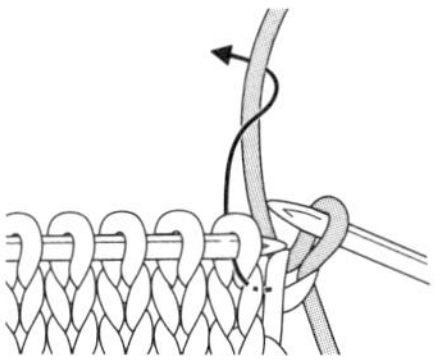

8 1针完成。在下个针目里插入右棒针，也编织下针。

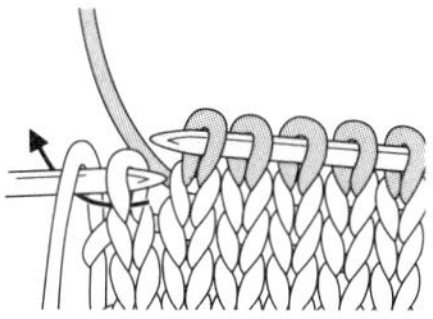

9 左端的针目改变方向，再将线头从后往前挂在左棒针上，一起编织下针。

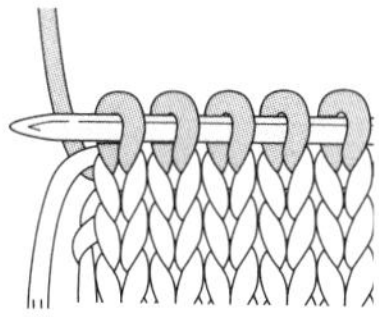

10 第1行完成。

从伏针上挑针

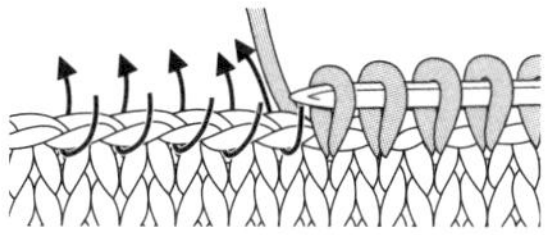

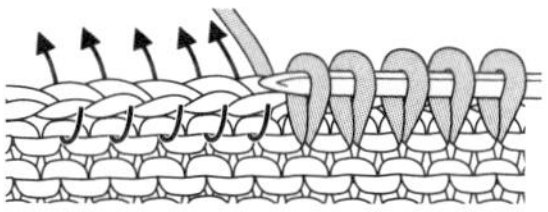

无论是下针编织还是上针编织，从每针里挑取1针。

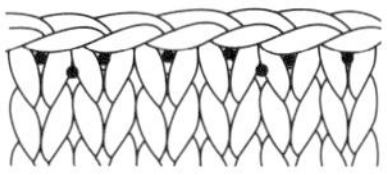

需要多挑几针时，在针目与针目之间也可以挑针。

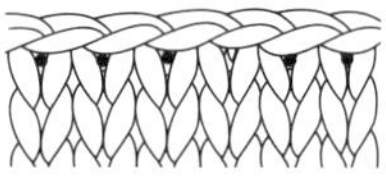

需要少挑几针时，可以跳着挑针。

从行上挑针

下针编织的情况

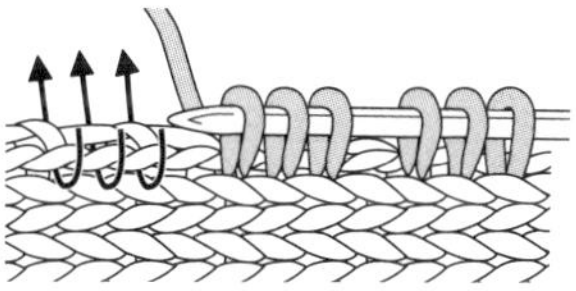

在边上1针内侧的交界处插入棒针，挂线后将针目拉出（挑针数比行数少时，可以跳行挑针）。

上针编织的情况

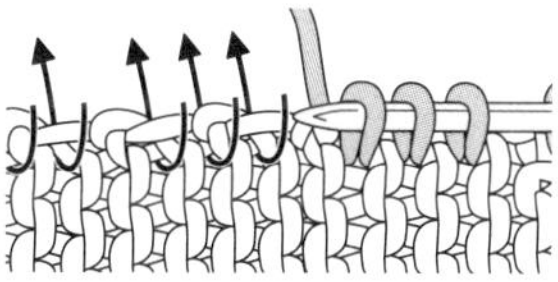

在边上1针内侧的交界处插入棒针，挂线后将针目拉出（挑针数比行数少时，可以跳行挑针）。

横向渡线编织配色花样（千鸟格花样）的方法

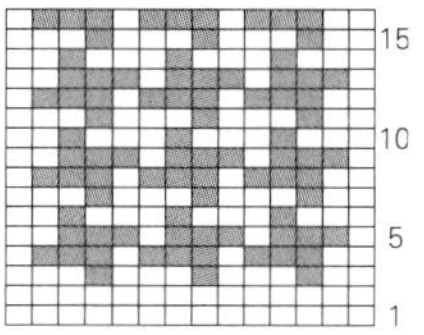

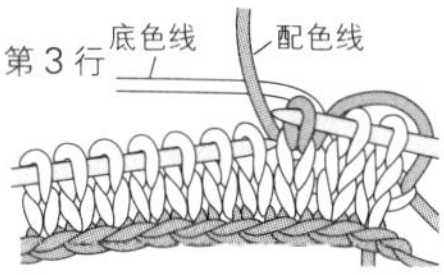

1 夹住配色线开始编织。用底色线编织2针，再用配色线编织1针。

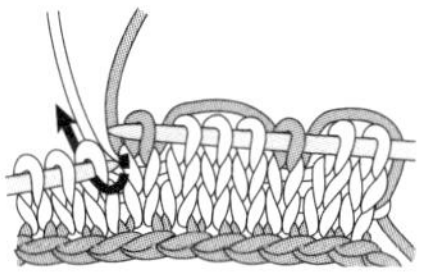

2 按配色线在上、底色线在下的要领渡线，重复"用底色线编织3针，用配色线编织1针"。

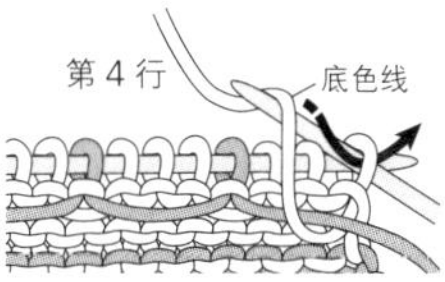

3 第4行的编织起点，夹住配色线编织第1针。

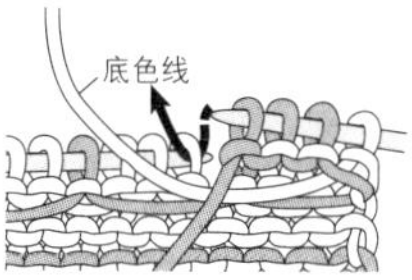

4 编织上针一侧时，也按配色线在上、底色线在下的要领渡线编织。

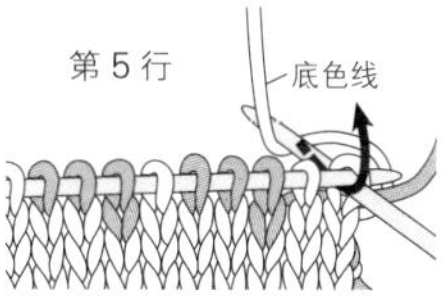

5 每行的编织起点都将暂停编织的线夹在中间编织。

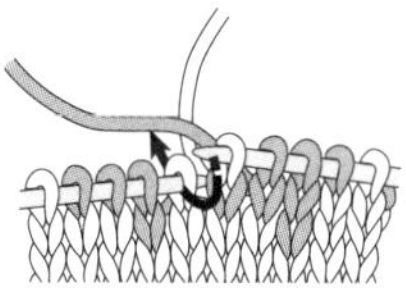

6 按符号图重复"用配色线编织3针，用底色线编织1针"。

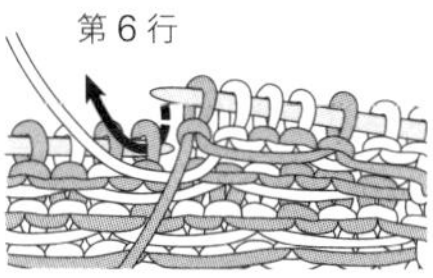

7 重复"用配色线编织1针，用底色线编织3针"。到这一行结束为1个花样。

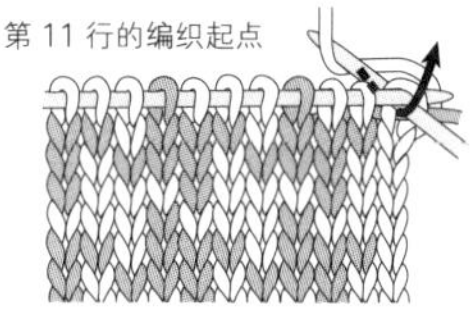

8 再编织4行，2个千鸟格花样完成后的状态。

Photographers: Yukari Shirai, Nobuhiko Honma
Original Japanese edition published in Japan by NIHON VOGUE Corp.
Simplified Chinese translation rights arranged with Beijing Vogue Dacheng Craft Co., Ltd.

备案号：豫著许可备字-2023-A-0029

图书在版编目（CIP）数据

时尚百搭的无袖毛衫编织 / 日本宝库社编著；蒋幼幼译. -- 郑州：河南科学技术出版社, 2025. 4.
ISBN 978-7-5725-1900-0

Ⅰ. TS941.763-64

中国国家版本馆CIP数据核字第2025L2X326号

出版发行：河南科学技术出版社
地址：郑州市郑东新区祥盛街27号　　邮编：450016
电话：（0371）65737028　　65788613
网址：www.hnstp.cn
出 版 人：乔　辉
策划编辑：仝广娜
责任编辑：葛鹏程
责任校对：刘逸群
封面设计：张　伟
责任印制：徐海东
印　　刷：郑州新海岸电脑彩色制印有限公司
经　　销：全国新华书店
开　　本：787 mm × 1 092 mm　1/16　印张：5.5　字数：150千字
版　　次：2025年4月第1版　2025年4月第1次印刷
定　　价：59.00元

如发现印、装质量问题，影响阅读，请与出版社联系并调换。